甜 點 盤 飾
PLATED DESSERT

CAKE · 蛋糕

———

MOUSSE · 慕斯

———

TART PIE · 塔派

CONTENTS | 目錄

總論

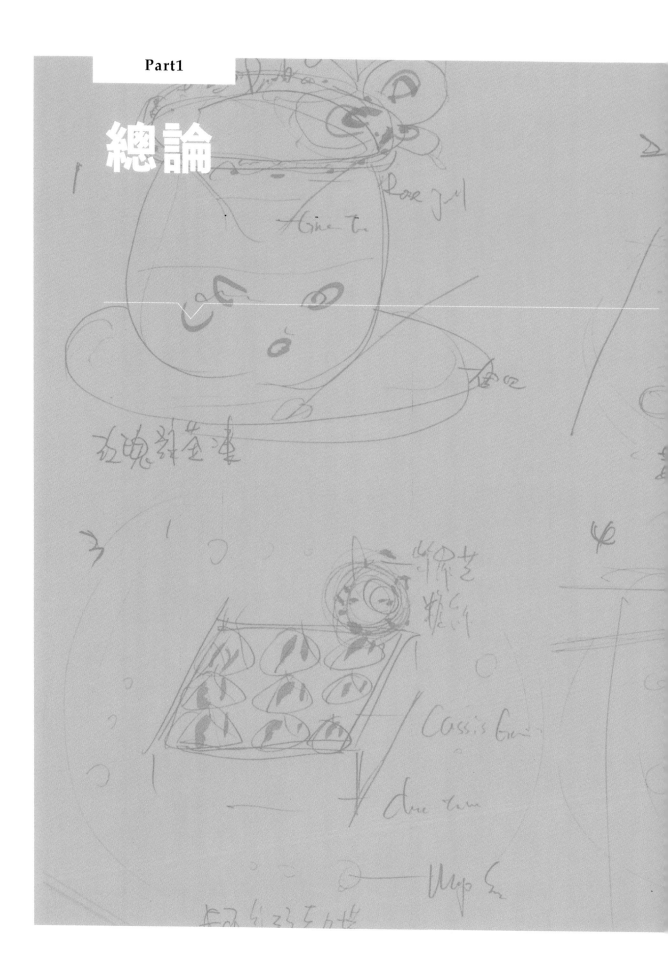

Concept

1

甜點盤飾╳基本概念

甜點盤飾是從食材出發的風格美學養成,為食用者
構築美好享受情境,以靈感為名,味覺主體為核
心,藉空間構圖、色彩造型設定,創造甜點的細
膩平衡,開啟一場有溫度的對話、傳達創作者的初
心。人氣甜點法朋烘焙坊的主廚李依錫,通過多年
經驗的累積,為初學者歸納了幾項成品甜點盤飾的
基本概念。

Inspiration
靈感&設計

●從模仿開始找到自己的風格
一開始練習擺盤,建議從模仿開始,選擇自己喜
歡的風格後開始下手,揣摩作品的設計結構、色
彩……等細節後,便能慢慢開始掌握擺盤方法,思
考一樣的素材能有什麼樣的創意,學習自己想要表
達的美感。

●結構設計
擺盤的類型大約分為兩種類型,一種是透過各種小
份的食材組合而成;另一種則是成品的擺盤,也是
初學者能夠快速開始學習的類型,此種擺盤要特別
注意要清楚表達成品的樣貌,不要為了填滿空間而
裝飾,例如已經擺了巧克力就不要再添加水果、醬
汁等等不相關、沒有意義的裝飾搶去風采,透過減
法突顯主體。也要記得整體構圖的聚焦,例如主體
如果足夠明顯就將裝飾往外擺,並且不要疏忽立體
感,可以試用不同角度或堆疊的手法呈現。

●色彩搭配
顏色搭配有兩個基本原則,一是使用對比色強調主
體,二是使色調協調,盤上的色彩彼此不互相掩
蓋。找到視覺的重心讓畫面得以平衡,並善用畫龍
點睛的效果。

⌐ chef ⌐

李依錫,現任 Le Ruban Patisserie 法朋烘焙甜點坊主
廚。曾任香格里拉台南遠東飯店點心房、大億麗緻酒
店點心房、古華花園飯店點心房的主廚。對於法式甜
點有著無限的迷戀與熱情,並持續創作出令人驚艷與
喜愛的甜點。不吝於傳授專業知識與經驗,讓大家更
輕鬆進入甜點的世界。

Plate
器皿

●線條
簡單的線條能夠突顯主體，或者呼應；若盤子的線條複雜，則搭配簡單的主體、減少畫盤、飾片等裝飾物。

●材質
器皿的材質能夠傳達不同的視覺感受，例如選擇玻璃盤，能帶給人透亮、清新、新鮮的感覺；木盤則能予人質樸、自然的感覺……等等。

Ingredients
裝飾材料

選擇擺盤的裝飾物時，要特別注意要和甜點主體的味覺搭配是一致的，擺放的東西建議要都是主體能夠吃得到的，例如在盤面灑上肉桂，卻發現蛋糕與肉桂完全無關，這樣就不太恰當，試著由視覺延伸到味覺，使食用者看到什麼材料就知道內容物是甚麼，融入到吃的時候的感覺才有連貫性，也才是盤飾的意義。

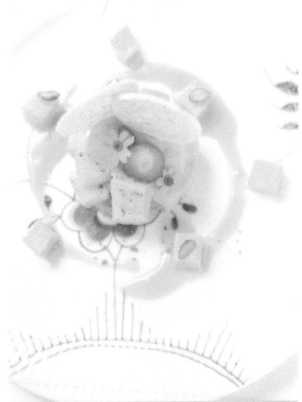

Steps
操作、擺放的重點

●擺放位置＆方向
要特別注意盤面上各個食材的位置不要彼此遮擋，或者同一個位置擺放兩個材料，讓每個擺設都能發揮它的作用，基本上只要遵照一個原則：由後往前，然後由高而低，讓平視時的視野能一眼望去，發揮多層次的效果。

●主體大小＆角度
主體大小與盤面和裝飾物的比例很重要，要去思考呈現出來的效果，讓主體小的甜點精巧，或者透過大量堆疊呈現碩大的美感。而主體擺放的角度，則是傳達其特色的方法，讓食用者一眼即能了解其結構、色彩與食材搭配，例如切片蛋糕通常會以斜面呈現其剖面結構。

●畫盤方法
畫盤的基本原則是不要讓畫面顯得髒亂，特別是與甜點主體做結合的時候，要觀察是否會弄髒、沾染到飾片，再調整操作時的先後順序。

2

甜點盤飾╳色彩搭配與裝飾線條

色彩的運用是挑起味蕾觸動的重要因素。因此在擺盤的色彩選擇上，法式餐廳侯布雄的甜點主廚高橋和久建議初學者，首先要考慮到食材本身的顏色，才不會讓食用者的視覺感到突兀，造成畫面不協調。通常選用色系相近的食材，會讓畫面感覺舒服，如果初學者想嘗試大膽的配色，在比例與呈現上就要特別小心。

--------- chef ---------

高橋和久，自幼對甜點就有高度熱忱，從 Ecole Tsuji 畢業後便投身甜點世界。2005年，年僅26歲的高橋便獲得世紀名廚 Joël Robuchon 賞識，成為旗下得意弟子，目前擔任台北侯布雄餐廳的甜點行政主廚，繼續傳承 Joël Robuchon 的料理精神。

Color—
Harmonious&
contras

基本配色方法──同色系＆對比色

色彩搭配的方式有兩種，一種是以同色系來搭配，這是屬於比較溫和、減低感官衝突的選擇，例如巧克力本身是深褐色，相近的色調包括米色、黃色、橘色等，如焦糖、芒果、栗子等食材，都是巧克力搭配同色系不錯的選擇；另一種是以對比色來呈現，視覺上給人較大的衝突感，但是只要搭配得當，相對的也會特別搶眼，例如以褐色來說，就可以找綠色、藍色的食材來襯托。但是，天然食材很少是綠色或藍色，如果為了設計而故意選擇特殊的顏色，或許整個擺盤看起來很漂亮，但卻完全讓人提不起食欲，便失去了甜點作為食物的意義。

Decorations —
Shape
小巧的裝飾提升精緻感

有時候，色彩的搭配是一種呈現方式，使用小巧的裝飾或修飾也可以提高甜點的精緻度。例如醬汁的呈現，可以利用一個容器盛裝，也可以擺放在食材旁邊，或者是直接淋在食材上。如果是把醬汁當作線條來呈現，粗的線條與細的線條，畫法是直線或彎曲，都會影響作品整體的表現。除了使用線條，高橋主廚也會點綴一些裝飾，例如在巧克力上加上一點點金箔，就能提升甜點的豪華感，不一定都要從色彩去突顯想要表達的意境，用心觀察，學習使用一點小技巧，就可以了解每個甜點擺盤所要表達的意念。

Color —
Ingredients
以食材為出發點選擇顏色

決定色彩如何搭配，要以食材為出發點，先決定好主要食材，再反觀心中想要呈現的畫面或風格。風格的選擇可以從很多角度找到靈感，像是以盤子的造型去發想，或是以大自然風景為走向，亦或從主食材尋求靈感。多面向的取材，有助於自己的擺盤設計與配色選擇。有別於傳統甜點擺盤的嚴謹，現代的擺盤設計比較偏向個人化及自由揮灑。但是，高橋主廚建議擺盤之前，要先想像食用者吃的畫面，對方會有怎樣的表情與感受，而不是為了要做盤飾就特立獨行、故意顛覆。要用心為吃的人完成甜點，不管是口感或擺盤，才是製作甜點最初的發心。

3

甜點盤飾╳靈感發想與創作

如何透過盤飾創作、表達心中的想像？亞都麗緻巴黎廳1930的法國籍主廚Clement Pellerin擅長傳統法式料理融合分子料理，讓每一道料理或是甜點都像藝術品般奇想。他主張忘掉擺盤、忘掉構圖，不要一開始就被盤飾的造型與構圖框限，選定食材，再透過生活汲取靈感，並搭配適合的器皿，不斷嘗試、修正，直到貼近腦中想表達的畫面為止。

- - - - - - - - - - - (chef) - - - - - - - - - - -

Clément Pellerin，生於法國諾曼第，具有傳統法式料理紮實背景，曾於巴黎兩間侯布雄米其林星級餐廳工作，也曾服務於愛爾蘭、西班牙等地高級法式料理餐廳，並在上海、曼谷等地酒店擔任主廚。擅長從不同文化發掘靈感，目前為亞都麗緻巴黎廳1930主廚。

Skills —— Obseravation

從模仿觀察開始，學習盤飾技巧

盤飾的技巧要透過實際操作學習，主廚Clement Pellerin建議初學者從模仿開始，觀察其他主廚操作的手法，例如要怎麼讓線條呈現出來的感覺才會是具有流動感，或者粗獷、柔美；使用模具、食材特性、配合食器、裁切塑形的堆疊技巧；不同色彩搭配帶給食用者的感受，從模仿中體會主廚的思考與技巧運用，慢慢磨練自己的手感與技巧使用的靈活度。

PLATE OR NOT

從器皿選擇思考，打破一般現有器皿的限制

器皿是傳達整體畫面的重點之一，以黑森林蛋糕（見p.60）為例，較常見的造型為6吋或8吋的圓形，若以白色瓷盤盛裝，會予人簡潔、俐落的形象；但若選用大自然素材，將樹木切片作為木盤，重新解構傳統的黑森林蛋糕，巧克力片如葉、巧克力酥餅如土，模擬森林畫面，營造出自然原始的氣息，並帶出其主題概念，將整體視覺合而為一，便賦予傳統甜點新的面貌。打破現有器皿的限制，嘗試不同媒材、質地，選擇如石頭、樹木等自然生活中可見的各式各樣的素材，連結使用的食材呈現腦中靈感。

LIVE A LIFE

以生活為靈感，用旅行累積創作想像

走訪世界各地的 Clement Pellerin 主廚，熱愛體驗新事物，也熱愛東方文化，多年前曾毅然決然到中國武當山上學習武功，因而淨空思考，面對料理也回歸事物、食材的本質，以生活為靈感，所思所想載於筆記中，廚房裡的小白板寫上天馬行空的創作想像，並善用當地食材，從食材本身發想，透過整體創作展演，讓畫面連結記憶，記憶觸動味蕾，傳達甜點盤飾最初的意義。

裝飾物造型
與種類

Decorations

CHOCOLATE
造型巧克力片

巧克力融化後可塑成各式各樣的造型，能夠簡單裝飾甜點，味覺上也容易搭配。配合使用刮板做成長條紋、波浪狀；使用抹刀、湯匙抹成不規則片狀；利用模具塑成特殊造型；撒上開心果、覆盆子、熟可可粒增加口感和立體感；將巧克力醬做成擠醬筆畫出各種圖樣，或者利用轉印玻璃紙印上不同花紋。

COOKIE
造型餅乾

裝飾甜點的造型餅乾多會做得薄脆，避免太過厚重而搶去甜點主體的味道和風采。造型餅乾具有硬度能夠增加甜點的立體感延伸視覺高度，其酥脆的口感也能帶來不同層次。

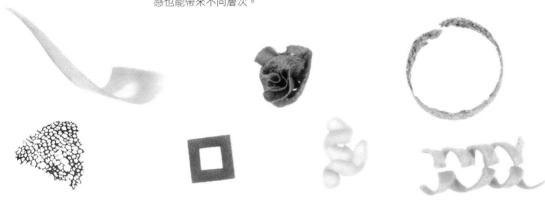

MERINGUE COOKIES
蛋白霜餅

蛋白與細砂糖高速打發後便成了蛋白霜，能直接用擠花袋擠出裝飾甜點。而使用不同花嘴擠成水滴狀、長條狀等各式造型或平鋪後烘烤成酥脆的口感，便能裝飾甜點增加立體感與口感。也可加入不同口味而成不同顏色，增加整體色彩的豐富度。

EDIBLE FLOWER & HERBS

食用花卉 & 香草

食用花卉色彩繽紛亮麗、姿態柔美；香草則富香氣、鮮綠自然，兩者小巧細緻，能為甜點帶來活力與生命力。

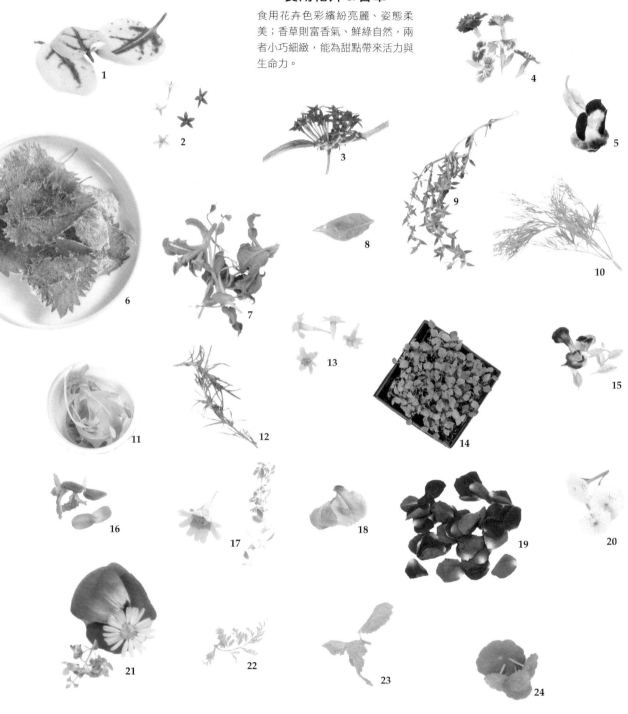

01. 紅酸模葉 02. 繁星 03. 美女櫻 04. 石竹 05. 三色堇 06. 紫蘇葉 07. 冰花 08. 羅勒葉 09. 百里香葉 10. 茴香葉 11. 芝麻葉 12. 迷迭香 13. 萬壽菊 14. 檸檬草 15. 夏堇 16. 葵花苗 17. 檸檬百里香、菊花 18. 牽牛花 19. 玫瑰花瓣 20. 法國小菊 21. 桔梗、天使花 22. 巴西利 23. 薄荷 24. 金線草

SUGAR
糖飾

糖飾分為糖片、珍珠糖片、拉糖、流糖、珍珠糖、造型糖……等等，透明具光澤的外型能帶來精緻高雅之感，並延伸立體感。或者可染上不同的顏色增加整體色彩的豐富度。要特別注意糖飾通常薄而易碎，盤飾時要小心輕拿，並注意欲裝飾的主體是否會太過堅硬而無法插擺，而其製作需要等待糖漿冷卻凝固成型，放在密封容器最多只能保存一天。

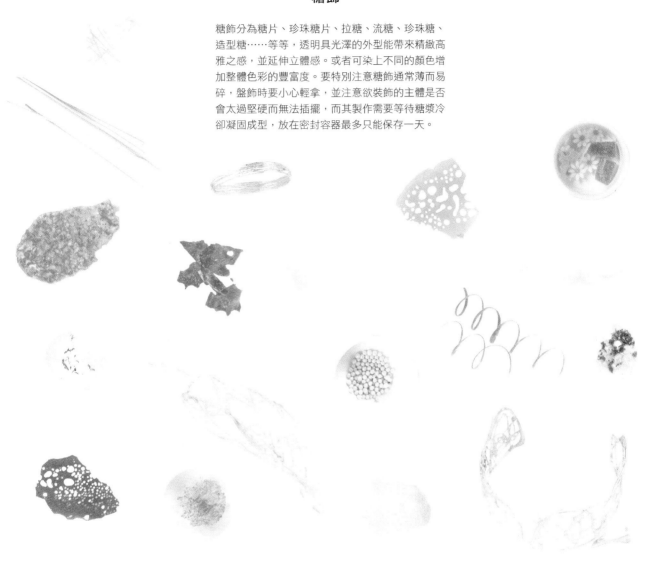

GOLD LEAF & SILVER LEAF
金箔 & 銀箔

色澤迷人的金箔和銀箔常用於點綴，適合用於各種色調的甜點，彰顯奢華、賦予高雅之感。

基本技巧
運用

Skills

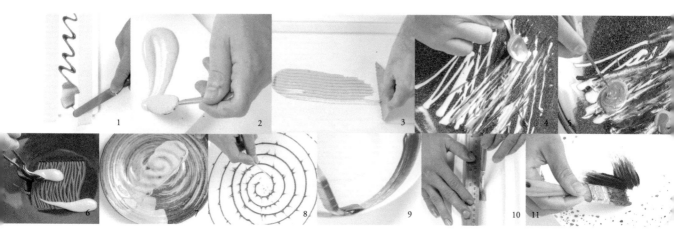

□刮

1. 利用紙膠帶定出界線，並均勻擠上醬汁，最後再以抹刀刮出斜紋。

2. 湯匙舀醬汁，快速用匙尖刮出蝌蚪狀。

3. 使用三角形刮板，刮出直紋線條。

4. 利用匙尖將醬汁刮成不規則線條。

5. 使用尖銳的工具、刀尖或牙籤將醬汁混色。

6. 湯匙舀醬汁斷續刮出長短不一的線條。

7. 使用抹刀順著不規則盤將醬汁結合盤面抹出不規則狀的線條。

8. 使用牙籤刮出放射狀。

□刷

09. 使用寬扁粗毛刷。

10. 使用毛刷搭配鋼尺畫出直線。

11. 使用粗毛刷加上濃稠醬汁，畫出粗糙、陽剛的線條。

12. 使用硬毛刷刷上偏水狀的醬汁。

13. 使用毛刷搭配轉台畫圓。

□噴

14. 使用時用噴霧，增加畫盤的色彩。

□甩

15. 湯匙舀醬汁，手持垂直狀、手腕控制力量甩出潑墨般的線條。

□擠

16. 使用透明塑膠袋作為擠花、擠醬的袋子。

17. 使用擠醬罐，將醬汁擠成點狀或者畫成線條。

18. 使用專業擠花袋，方便更換花嘴。常見花嘴有圓形、星形、聖歐諾、蒙布朗多孔、花瓣花嘴……等。

19. 使用擠醬罐搭配轉台畫成圓形線條。

□蓋

20. 將食用粉末以章印蓋出形狀。

□搓

21. 使用手指捏粉，輕搓於盤面，營造少量、自然的效果。

22. 使用手指捏粉，輕搓於盤面成想要的線條、造型。

□模具

23. 使用中空圓形模具搭配轉台使用，便能畫出漂亮的圓。

24. 使用 Caviar Box（仿魚卵醬工具）將醬汁擠成網點狀。

25. 使用篩網搭配中空模具，將粉末灑成圓形。

□模板

26. 使用自製模具，並鋪墊烘焙紙避免灑出。

27. 以烘焙紙裁剪成想要的造型，灑上雙層粉末。

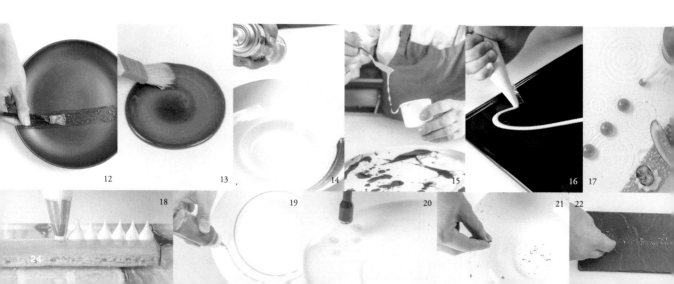

23   24   25   26 27

TIPS

□ 均勻的醬汁

1. 可用手輕拍碗底，讓醬汁均勻散開。
2. 可用手掌慢慢將顆粒狀的食材攤平。
3. 輕敲墊有餐巾的桌面，將醬汁整平。

□ 沒有轉台的時候

1. 將盤子放托盤，並置其於光滑桌面上高速度轉動，然後手持擠花袋在正中間先擠 3 秒，再以穩定速度往外拉。

Skills | # 增色

□ 鏡面果膠

1. 使用鏡面果膠增加慕斯表面的光澤，也能便於黏上其他食材、裝飾。
2. 使用鏡面果膠增加水果的亮度、保持表面光澤防止乾燥。

□ 烘烤

3. 使用噴槍烘烤薄片，使其邊緣焦化，讓線條更明顯、色彩多變。
4. 灑上糖再以噴槍烘烤，除了能夠增加香氣，也讓食材的色彩有層次。

1   2
3   4

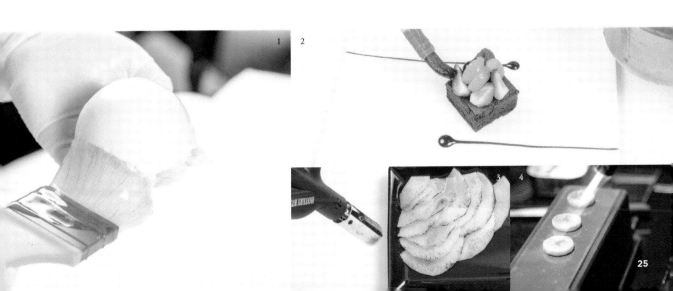

1   2   3   4   5   6

Skills | 固定、塑形

□ **烘烤**

　1. 易於軟化的食材如蛋白霜，可烘烤固定其形狀。

　2. 可利用吹風機軟化如餅乾的薄片，塑成想要的形狀。

□ **模具**

　3. 使用中空模具將偏液態、偏軟的食材於內圈塑形。

　4. 用中空模具將食材於外圈排成圓形。

□ **裁剪**

　5. 將食材裁切成平底，方便貼合盤面、適於擺盤。

□ **冷卻**

　6. 因甜點盤飾常使用冰淇淋或者急速冷凍的手法，為避免上桌時融化，可於盤飾完成後上液態氮冷卻定型。

□ **挖杓**

　7. 將冰淇淋挖成圓形。

　8. 用長湯匙將冰淇淋、雪酪或雪貝挖成橄欖球狀 (Quenelle)，擺上盤面前可以手掌摩擦湯匙底部，方便冰淇淋快速脫落，避免黏在湯匙上。

□ **黏著劑、防滑**

　9. 使用鏡面果膠黏著。

　10. 使用水貽或葡萄糖，兩者透明的液體便可不著痕跡的黏上裝飾物或金銀箔，有時也能作為花瓣露珠裝飾。

　11. 使用醬料固定食材，或可沾取該道甜點使用的醬料將食材黏在想要出現的位置。

　12. 使用餅乾屑、開心果碎或其他該道甜點出現的乾燥碎粒狀食材增加摩擦力，固定易滑動的冰品。

TIPS

若要顆粒狀食材排成線條時，除了利用工具，也可以用手掌自然的弧度幫助讓線條更漂亮。

7   8   9   10   11   12

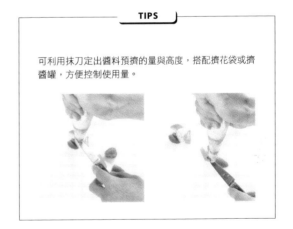

□ **灑粉**

1. 以指尖輕敲篩網，控制灑粉量。

2. 以指尖輕敲篩網，鋪墊紙於盤子下方，便能灑至全盤面。

3. 使用灑粉罐。

4. 以筆刷輕敲篩網，控制灑粉量。

5. 以湯匙輕敲篩網，控制灑粉量。

6. 以筆刷沾粉輕點筆頭，控制灑粉量。

□ **刨絲、粉末**

7. 使用刨刀將檸檬皮刨成絲，使香氣自然溢出。

8. 使用刨刀將蛋白餅刨成粉末狀。

□ **擠、淋醬**

9. 使用滴管吸取醬汁，控制使用量。

10. 使用針筒吸取醬汁，控制使用量。

11. 使用鑷子夾取醬汁，控制使用量，並能自然滴上大小不一的點狀。

12. 使用擠醬罐。

TIPS

可利用抹刀定出醬料預擠的量與高度，搭配擠花袋或擠醬罐，方便控制使用量。

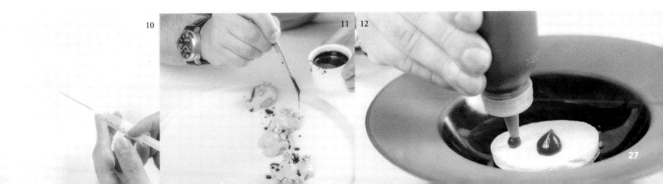

實例
示範

Plated Dessert

Plated Dessert
CAKE
蛋糕

● Yellow Lemon | Andrea Bonaffini Chef

以白盤為畫布
恣意揮灑高張力的即興畫

抽象派畫家傑克遜‧波拉克 (Jackson Pollock) 的創作受到超現實主義
影響,採用強烈的對比色,將巨幅畫布放在地上,以滴、流、灑的
方式透過身體律動和地心引力作畫,在創作前即想好大致的方向、
概念、色彩與層次,最後再讓直覺引領自己移動。此道六層黑巧克
力便是仿效傑克遜‧波拉克的畫作,在如畫布般的大白盤上,用苦
甜的深褐巧克力醬、清香的乳白色香草醬、微苦的淡綠茶醬、香甜
的金黃色芒果醬、酸酸的紅色覆盆子醬,隨興甩出形狀各異、深淺
不同卻均勻分布、完美交融的點和線,最後放上以六種不同的法芙
娜巧克力製成的六層黑巧克力蛋糕,形成多重層次視覺、味覺富強
烈情緒張力的盤飾。

器 皿

材 料

A 海鹽　　　　D 巧克力醬　　　G 覆盆子醬
B 六層黑巧克力蛋糕　E 芒果醬
C 香草醬　　　　F 綠茶醬

白色大圓盤 | 瑞典 RAK Porcelain

白色圓盤面積大而平坦，表面光滑適合當作畫布在上
面盡情揮灑，也能帶出時尚感。其盤緣有高度能避免
大量的醬汁溢出。

步 驟

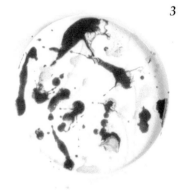

1

手拿湯匙，將香草醬恣意甩、滴在盤中，
使其呈不規則的點和線。

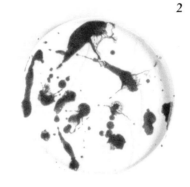

2

將覆盆子醬以同樣方式揮灑在盤中，盡
量和香草醬錯開。

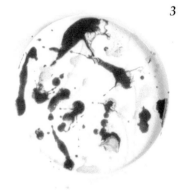

3

將綠茶茶醬以同樣方式揮灑在盤中，和
其他顏色的醬錯開、線條長短不一。

4

將巧克力醬以同樣方式揮灑在盤中，和
其他顏色的醬錯開。

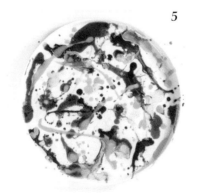

5

將芒果醬均勻灑在盤中空白處。

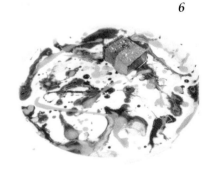

6

用抹刀將六層黑巧克力蛋糕放在盤子右
上角，再撒上一些海鹽即成。

Tips：醬汁不能調得太稀避免糊成一團。甩
醬時，湯匙拿成直的，靈用手腕的力量控制
使醬不會噴得太遠。甩醬順序由淺到深，避
免淺色醬汁蓋不上深色醬汁。

巧克力蛋糕
Chocolate Cake
with Fresh Fruit
巧克力蛋糕搭新鮮水果

● 寒舍艾麗酒店 ─ 林照富 點心房副主廚

雙線畫盤聚焦
方形旋轉結構美學

利用巧克力醬畫出兩條平行線條，讓視線範圍縮
小至兩條黑線之間，再以45度角擺上方形巧克力
蛋糕，讓線條與蛋糕間的距離縮短，聚焦主體，
而一旁的草莓也如風琴般拖曳開來並形成一斜
線，整體以線條結構相互緊扣以平衡畫面，讓造
型簡單的蛋糕不顯單薄。

器皿

材料

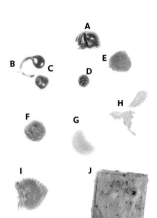

A 巧克力甘納許
B 銀箔
C 巧克力
D 黑覆盆子
E 覆盆子
F 無花果乾
G 橘子
H 薄荷葉
I 草莓
J 巧克力蛋糕

正方形白盤 | DEVA

正方盤面予人安定、平和且有個性的形象，存在感強烈需要特別注意食材與盤子線條的平衡，因此採用線狀與方型蛋糕相呼應，而此盤緣為雙邊長條狀，使擺放位置縮小，向內聚焦。

步驟

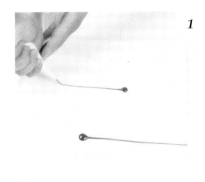

1

盤子橫放，自盤面 1/3 處用擠花袋將巧克力醬擠出圓點再橫向拉出一條直線，並於對向以同樣的手法再畫一條。

2

將巧克力蛋糕斜放在盤中央，並於其頂端將巧克力甘納許用星形花嘴擠花袋擠上一圈。

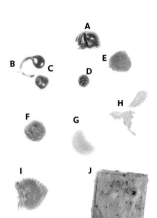

3

將草莓、橘子、覆盆子、黑覆盆子依序黏在巧克力甘納許上。

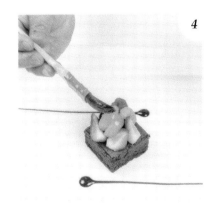

4

將巧克力蛋糕上的水果刷上鏡面果膠以增加表面光澤。

5

在巧克力蛋糕一側放上切片並排的草莓，另一側則放上無花果乾。

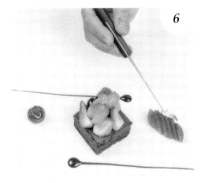

6

將一小株薄荷葉綴於水果上，再於切片並排的草莓點綴銀箔。

方寸之間的當代藝術畫

以常見的留白手法為基礎做變化，選用帶有手繪感線條的白
色大圓盤，將抹茶甘納許澆淋出相似的線條呼應，並連接盤
面線條缺口，讓視線自然而然由外圈與大片留白聚焦至甜點
的主要區塊，再向上延伸至以方塊堆高的主體──古典巧克
力蛋糕。整體以小巧多樣的塊狀食材拉出點、線、面，共構
出畫面的平衡。

●
北投老爺酒店 ｜ 陳之穎 集團顧問兼主廚

北投老爺酒店 ｜ 李宜蓉 西點師傅

器 皿

手繪線條白圓盤 │ 購自亞商大地

白色圓盤面積大而平坦，適合當作畫布，並能有大量
留白演繹空間，其表面光滑邊緣有手繪感不規則線
條，為簡單的白盤增添藝術感，並以畫盤線條相互呼
應。

材料

A	古典巧克力蛋糕
B	草莓
C	食用玫瑰
D	抹茶甘納許
E	藍莓
F	百香果法式軟糖
G	藍莓法式軟糖
H	蛋白糖

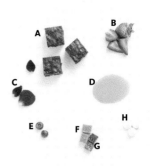

步 驟

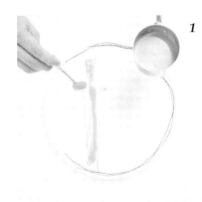

1

湯匙舀抹茶甘納許於盤面 1/3 處縱向來
回淋上，畫出隨興不拘的線條。

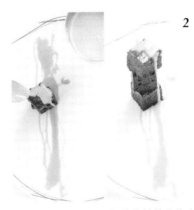

2

將三塊古典巧克力蛋糕於抹茶甘納許畫
盤線條的 2/3 處，向上以不同角度堆疊，
再於其頂端一角上淋上抹茶甘納許，使
其自然流寫。

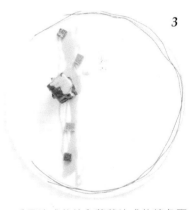

3

百香果法式軟糖和藍莓法式軟糖各兩
顆，平均交錯放在抹茶甘納許畫盤線條
上。

4

三塊切成角狀的草莓和兩顆藍莓，交錯
穿插擺放於法式軟糖之間，草莓切面朝
上。

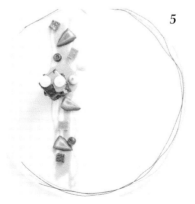

5

將兩顆蛋白糖放在古典巧克力蛋糕頂
端，並於一旁盤上巧克力甘納許放上一
顆。

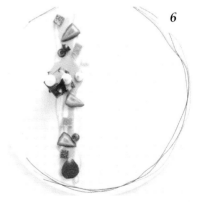

6

將三片大小不一的食用玫瑰花瓣，綴於
古典巧克力蛋糕頂端和抹茶甘納許畫盤
線條的兩端。

台北喜來登大飯店安東廳 ── 許漢家 主廚

同中存異　同色系集中堆疊
巧克力家族的風情萬種

以巧克力為主題的創意擺盤，沿著畫盤弧線擺放巧克力蛋
糕、巧克力布丁、巧克力甘納許、巧克力脆餅等系列元素，
集中展演巧克力綿密的分量感、及濃郁、爽脆、冰涼交織的
多樣面貌。若須擺放兩塊脆餅、兩球冰淇淋等重複食材，則
可以不同角度交錯擺放，使整體視覺更有層次。

器 皿

材 料

A 巧克力脆餅
B 巧克力甘納許
C 巧克力布丁
D 巧克力微波蛋糕
E 巧克力碎
F 巧克力蛋糕
G 巧克力醬

陶瓷圓平盤 | 德國 Rosenthal studio-line

洗鍊而有質感的圓平盤，可清楚烘托以相似元素食材堆疊的巧克力食材紋理，又不顯焦點雜亂，並能有大片留白帶出時尚、空間感。

步 驟

1

以小湯匙沾取巧克力醬，於盤面一端自然畫出一道先粗後細的小弧線。

2

於弧線畫盤的細端擺上巧克力蛋糕。

3

沿著弧線灑上巧克力碎。

4

撕取巧克力微波蛋糕，同樣沿著弧線畫盤擺上，並點綴數顆巧克力甘納許。

5

挖取兩勺布丁成橄欖球狀，輕置於弧線畫盤兩邊。

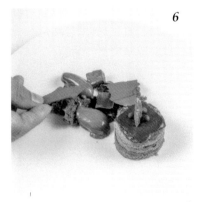

6

以不同角度擺上兩片巧克力脆餅，完成擺盤。

Tips：建議先將湯匙浸泡熱水再挖取布丁，可使手感滑順，並讓布丁表面光滑。

Dark Chocolate
Cake with Sesame Tuile
濃郁巧克力搭芝麻脆片

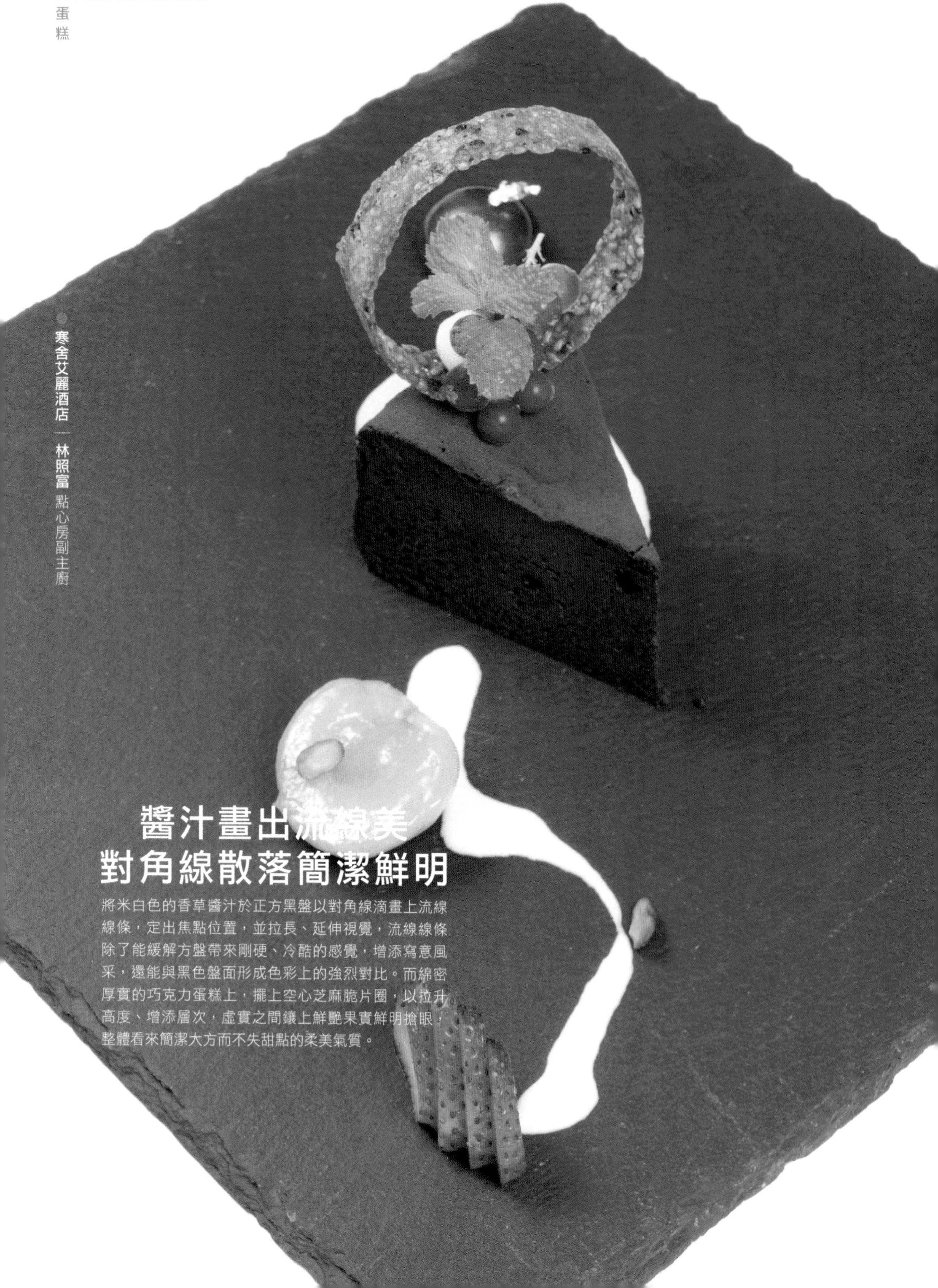

寒舍艾麗酒店－林照富 點心房副主廚

醬汁畫出流線美
對角線散落簡潔鮮明

將米白色的香草醬汁於正方黑盤以對角線滴畫上流線線條，定出焦點位置，並拉長、延伸視覺，流線線條除了能緩解方盤帶來剛硬、冷酷的感覺，增添寫意風采，還能與黑色盤面形成色彩上的強烈對比。而綿密厚實的巧克力蛋糕上，擺上空心芝麻脆片圈，以拉升高度、增添層次，虛實之間鑲上鮮豔果實鮮明搶眼，整體看來簡潔大方而不失甜點的柔美氣質。

器皿

材料

A 青蘋果檸檬果凍

B 薄荷葉

C 可可粉

D 杏桃

E 巧克力蛋糕

F 芝麻脆片

G 覆盆子草莓醬

H 開心果

I 香草醬

J 草莓

K 卡士達醬

L 紅醋栗

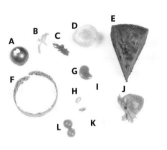

黑色方岩盤｜法國 Revol

玄武岩盤，方形平盤無盤緣呼應千層派外型，創作空間大，適合以畫盤為主的盤飾，又其深色盤面能襯托鮮豔色彩，加強對比。

步驟

1

將盤子擺成菱形，湯匙舀香草醬從中心往右方滴畫出 S 線條連接至對角線。

2

將已撒上可可粉的巧克力蛋糕，斜放在盤中央。

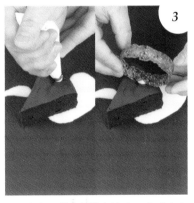

3

在巧克力蛋糕上偏後方擠上一小球卡士達醬作為黏著，再將芝麻脆片立黏於其上。

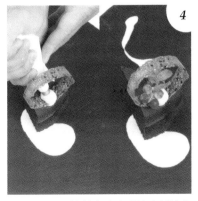

4

接續步驟 **3**，於芝麻脆片環的底部擠上一球卡士達醬，再將一串紅醋栗與薄荷葉黏於其上作為裝飾。

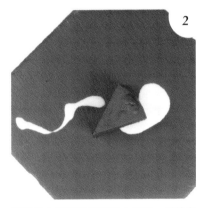

5

於香草醬畫盤線條中段放上杏桃，再於醬汁末端放上切片並排的草莓。

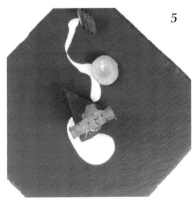

6

將開心果綴於醬汁與杏桃上，再沿香草醬對角線放上一顆青蘋果檸檬果凍。

Chocolate passion mango cremeux with
chocolate soil and raspberry sorbet

巧克力黑沃土配百香果奶油及覆盆子雪貝

經典義式色調
渾然天成的亮麗活潑

以自然食材交互運用紅、綠、黑等義式配色,是這道巧
克力蛋糕的擺盤特色。薄荷葉與蛋糕側邊的開心果碎形
成難以忽視的大面積青綠,與覆盆子雪貝、鮮果的紅同
樣成為視覺重心。巧克力燕麥既呼應巧克力蛋糕的質
地,也帶出爽脆的口感層次。蛋糕頂端的奶油擠花建議
選用球狀,會比長條狀更可愛美觀;而交錯擺放覆盆子
表面與內側的果肉剖面,則可使視覺紋理更豐富多元。

● Angelo Aglianó Restaurant │ Angelo Aglianó Chef

器皿

材料

A　覆盆子粉杏仁角
B　巧克力燕麥
C　覆盆子雪貝
D　巧克力蛋糕裹開心果碎

E　覆盆子
F　百香果芒果奶油
G　薄荷葉

白瓷鑲邊圓盤 | 購自陶雅

盤沿略高的白瓷圓盤，色調明淨可襯托食材豐富色彩，也可避免巧克力燕麥、杏仁角等粉粒散溢。

步驟

1

舀取一匙巧克力燕麥，置於盤面中間偏一側，用以固定最後裝飾的雪貝。

2

抓取適量覆盆子粉杏仁角，沿圓盤周邊隨意綴灑。

3

於盤面中央水平擺放巧克力蛋糕，將裹有開心果碎的綠色蛋糕側邊清楚展露。

4

於蛋糕表面擠上八小球水滴狀的百香果芒果奶油，也於盤面擠上一小球奶油。

5

於蛋糕體、盤面奶油上裝飾剖半的覆盆子，再於蛋糕體小心灑上巧克力燕麥，並插上數片薄荷葉。

6

於盤面一角的巧克力燕麥斜擺上挖成橄欖球狀的覆盆子雪貝。

三線共構視覺重心
主次分明的雙人秀

為了讓主角歐帕莉絲巧克力和配角香草冰淇淋主次分明，選擇黑白分明的法國 Revol 盤組。整體採後高前低、三線同心交錯與黑白對比的原則。深褐色歐帕莉絲巧克力斜放在黑岩盤上，與兩條線交叉共構視覺重心，並延伸至白盤連結配角，配角香草冰淇淋置於前方白盤，兩者共同出演一場精采的默劇。

香格里拉台北遠東國際大飯店 — 董錦婷 甜點主廚

器皿

黑白方盤組 | 法國 Revol

異材質拼接的方盤，一白一黑、一大一小、光滑與粗
糙，白瓷盤明亮大器、聚焦視線；內嵌黑色岩盤自然
粗獷，長方盤上主次分明，呼應歐帕莉絲巧克力的粗
糙表面。

材料

A	蛋白餅	E	糖圈	I	香料焦糖醬
B	歐帕莉絲巧克力	F	覆盆子	J	乾燥百香果碎
C	糖片	G	香草冰淇淋		
D	開心果碎	H	檸檬		

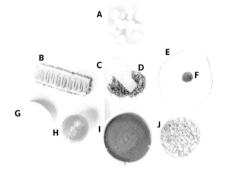

步驟

1

用匙尖將香料焦糖醬在黑岩盤中間由左
到右刮出一條線，再從白盤由左下到右
上刮出一條直線。

2

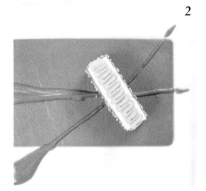

將歐帕莉絲巧克力斜放在香料焦糖醬兩
線交叉處。

3

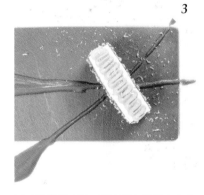

刨一些檸檬皮屑，讓它落在盤子右上的
三角形內。

4

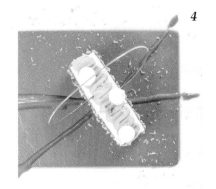

將三個蛋白餅以三等分方式交錯放在歐
帕莉絲巧克力上。將糖圈立插在歐帕莉
絲巧克力三分之一處。

5

銀箔黏在糖圈頂端，乾燥百香果碎和開
心果碎撒在盤子下方成一直線，用以固
定香草冰淇淋。

6

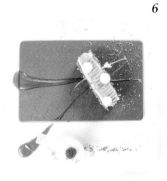

香草冰淇放在乾燥百香果碎和開心果碎
上，斜斜黏上白色糖片，再綴上一顆覆
盆子即可。

● Le Ruban Pâtisserie 法朋 ｜ 李依錫 主廚

嬌俏刁蠻
春夏的任性色調

「小任性」以柑橘類水果搭配濃郁的苦甜巧克力蛋糕為核心要素，詮釋少女嬌蠻任性，無論撒嬌、生氣、開心都深具吸引力的青春特質。糖漬柳橙片的大面積三角構圖非常鮮明地點出主題，傳達輕快鮮豔的春夏氛圍，而草莓、藍莓、開心果等點綴，則以繽紛色彩強化活潑感。將糖漬柳橙片灑糖略烤，可使果肉纖維線條更明顯有層次。

器 皿

材 料

A 藍莓
B 橘子巧克力蛋糕
C 開心果
D 草莓
E 糖漬柳橙片

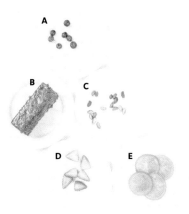

白色浮雕瓷圓盤 | 丹麥 Royal Copenhagen

因食材本身已相當繽紛多樣，故選用簡單白圓盤，以最乾淨大方的方式烘托。盤緣有縱向切入的浮雕線條與盤子形狀垂直，有向外拓展的感覺，能增加分量感，扇紋雕刻則予人典雅之感。

步 驟

1

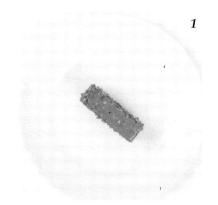

以抹刀將橘子巧克力蛋糕以 45 度角盛盤，擺放角度略傾斜，可增加視覺的生動感。

2

將兩個切成角狀的草莓交錯置於蛋糕頂端。切面朝上。

3

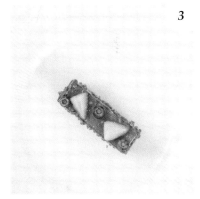

將三顆藍莓置於蛋糕頂端，與草莓片交錯。

4

將糖漬柳橙片分別置於蛋糕與盤面三點，使柳橙片形成鮮明的三角構圖。

5

將剖半的藍莓、切成角狀草莓和開心果片平均綴於盤面。藍莓和草莓切面朝上。

從此成了撒哈拉
可可粉與波盤的沙丘歲月

奧地利的皇室甜點，以香濃巧克力結合杏桃的酸甜著名，相傳源自於十九世紀維也納的創作者之名，在一場世界級的會議中以此蛋糕驚嘆眾人，而後經歷一連串的配方繼承、家族興衰與長達七年的官司紛爭……等等長長的歷史直至今日，每年的12月5日仍為國定沙哈蛋糕日 (National Sachertort Day)。而此道盤飾以蛋糕外型為發想，並巧妙將其譯名「沙哈蛋糕」諧轉為「撒哈拉沙漠」(Sahara Desert)，成了盤中沙漠之景。利用可可粉營造細沙的質感，與鮮奶油沿著盤面起伏成丘，蛋糕則切塊如沙漠中的建築，小窗、平頂、厚泥牆隨著歲月而傾倒，綴以酥菠蘿、蜜餞小果、巴芮脆片、薄荷葉和蔓越莓等不同自然色彩，如同一片荒漠中的綠洲，有一段富饒的歷史。

● 亞都麗緻麗緻坊—蘇益洲 主廚

器 皿

材 料

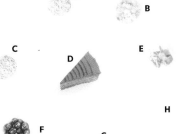

A 酥菠蘿
B 蜜餞小果
C 巴芮脆片
D 沙哈蛋糕
E 薄荷葉
F 蔓越莓
G 可可粉
H 香草奶油

波浪圓盤│法國進口

為呈現沙漠之景,選擇此盤緣上下起伏、波浪狀的圓盤,讓可可粉隨著盤面成了沙丘,而白色則能清楚的覆蓋其色彩。

步 驟

1

將香草奶油以擠花袋,或大或小擠在盤中約 1/2 圈的位置,記得在盤中間留下空間擺放蛋糕。

2

用篩網將可可粉撒滿整個盤子,然後以紙巾擦拭盤緣收邊。

3

取單片沙哈蛋糕,將其切成兩塊三角形和一塊不規則四邊形。

4

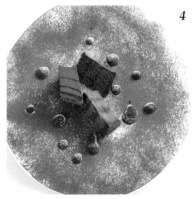

將分切後的沙哈蛋糕或立或躺放置於盤中。

5

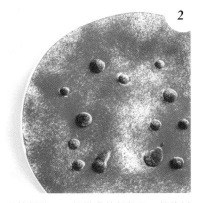

取巴芮脆片、酥菠蘿及蜜餞小果,依序撒於蛋糕之間。

6

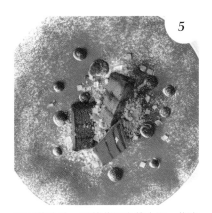

最後在香草奶油之間,隨意放上蔓越莓及薄荷葉。

Tips:撒可可粉時,建議慢慢輕撒以免過厚,再分批加強需要填補的地方。撒完後可傾斜盤面後輕敲盤底,營造出風吹的感覺。

方圓交錯的安定和諧
層層堆疊隨興優雅

不同於一般甜點約3×9cm的尺寸比例，主廚將這道伯爵茶巧克力設計為3×11cm，相對細長、簡單，並藉由一層又一層堆疊的技巧，展現側面結構的層次。長方的外型透過帶圓角的方盤中和其稜角，而十字交錯的畫盤線條則使整體呈現對等、安定與均衡的張力，集中主體焦點，最後再以粉銅色的不歸線條和大大小小點狀焦糖兩者同色系點綴、提亮色調，簡簡單單就很優雅。

台北君品酒店 ─ 王哲廷 點心房主廚

器皿

材料

A 巧克力醬
B 焦糖醬
C 巧克力蛋糕
D 裝飾銅粉
E 伯爵茶巧克力慕斯
F 巧克力飾片

方形白湯盤｜中國進口

為突顯蛋糕主體簡潔的特色，選擇此方型白湯盤。寬窄交錯的盤緣使盤面在不同角度呈現或方或圓的樣貌，不僅中和細長蛋糕體的稜角，也能呼應其形，而略大的盤面則提供了畫盤的空間和聚焦效果。

步驟

1

將巧克力醬以擠花袋，由左上到右下隨意畫出交錯的線條。

2

巧克力飾片與線條以十字交叉的方向，擺在巧克力醬線條上。

3

巧克力蛋糕疊放於巧克力飾片上。用手指抹一些伯爵茶巧克力慕斯，為黏著固定下一層的巧克力飾片。

4

一片巧克力飾片疊在蛋糕上，接著將伯爵茶巧克力慕斯以擠花袋擠出水滴狀，第一層以兩排擠滿巧克力飾片，第二層於中間擠一排。

5

取一片巧克力飾片，用毛筆沾裝飾銅粉，隨意畫出如畫盤的交叉線條。

6

把畫上裝飾銅粉的巧克力飾片疊在伯爵茶巧克力慕斯上，接著再將焦糖醬以擠花袋，在蛋糕的兩側擠出大小數點。

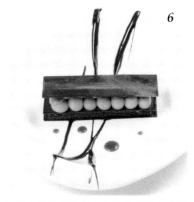

維多麗亞酒店 | Marco Lotito Chef

黑色岩盤創造
和諧多彩的調色盤

透過大大小小沿著盤子弧線圍成圈的食材，創造出活潑的韻律感，
又以運用義大利常見食材栗子為內餡的巧克力海綿蛋糕最大、有高
度，賓主有別。若使用多點構圖的方式擺盤，比例大小的拿捏就要
特別注意，避免造成擁擠。在色彩上，由於黑色岩盤與巧克力海綿
蛋糕色彩相近，因此向上疊高並加上鮮豔的覆盆子增加亮度和層
次，其它則是黃、米、藍、紫、白等色，小小的、各式各樣的整齊
排列，就有如一盤和諧多彩的調色盤。

器皿

黑岩盤 │ 購自 Hola

黑色粗糙、不規則圓盤緣，有如圓扁石頭，粗獷樸實，
適合襯托明亮色系的食材以及畫盤創作，也呼應海綿
巧克力蛋糕如樹皮的自然樣貌。

■ Ingredients

材料

A 鮮奶油
B 藍莓
C 覆盆子
D 香草冰淇淋
E 夏威夷果
F 芒果醬
G 三色菫
H 杏仁餅
I 巧克力海綿蛋糕

■ Step by step

步驟

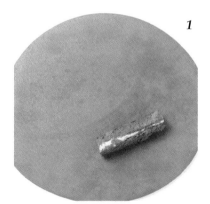

1

將巧克力海綿蛋糕斜放在黑圓盤左上
角。

2

用湯匙舀一大坨芒果醬在圓盤下方，由
右到左的弧線，先用匙尖刮成蝌蚪狀，
再接著點三小滴芒果醬。

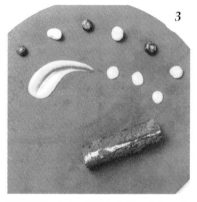

3

將藍莓和夏威夷果沿芒果醬的線條在其
下方交錯擺放。

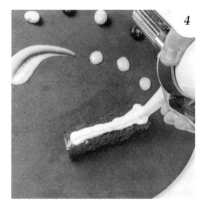

4

將鮮奶油擠一條在巧克力海綿蛋糕中
間。

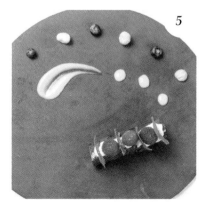

5

將取四片大小適中、不規則狀的杏仁餅
和三顆覆盆子交錯黏在巧克力海綿蛋糕
上的鮮奶油。

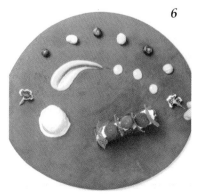

6

香草冰淇淋挖成小球放在盤子右上方。
最後各放一朵三色菫在盤子左右兩端。

飄忽與穩定之間
瞬息萬變

盤面黑色與灰藍色的不規則螺紋線條交織，帶來反覆運動的視覺效果，有如瞬息萬變的天空，再抹上一條具速度感的蜂蜜太妃糖線條延伸，置主體巧克力熔岩蛋糕於其前端聚焦，一旁透過如雲的棉花糖以三角構圖穩定畫面，紮實的巧克力熔岩蛋糕和飄柔的棉花糖虛實交錯，神秘色彩襯托，熔岩彷彿即刻爆發。

● Terrier Sweets 小梗甜點咖啡 ｜ Lewis Chef

器皿

藍黑波紋深盤 | 購自陶雅

灰藍與黑色線條交錯出凹凸不平的螺旋紋理,再加上不規則狀盤緣的手工線條,予以深沉的動態感,可透過畫盤突顯其質地。而色彩比例分配不均形成斷面的對比效果,增添視覺的多樣性。

■ Ingredients

材料

A 優格冰淇淋

B 薄荷葉

C 巧克力熔岩蛋糕

D 低溫鳳梨丁

E 棉花糖

F 芒果泥

G 開心果碎粒

H 巧克力醬

I 蜂蜜太妃糖

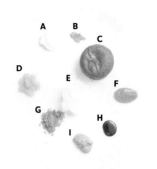

■ Step by step

步驟

1

抹刀沾蜂蜜太妃糖,以左下右上抹出一道由粗到細的線條。

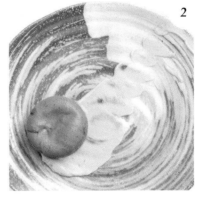

2

將巧克力熔岩蛋糕置於蜂蜜太妃糖畫盤線條的前端偏上。

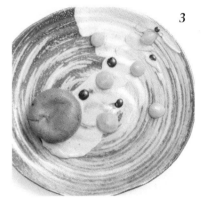

3

以擠花袋將芒果泥於盤面右側的蜂蜜太妃糖線條左右,擠上六個大小不一的水滴狀,再交錯點上數滴巧克力醬。

4

於醬汁上點綴數片薄荷葉,並在盤面以三角構圖放上手撕棉花糖。

5

在盤面右下空白處撒上開心果碎粒後,於其上與巧克力熔岩蛋糕上放上一球優格冰淇淋,並綴飾數顆低溫鳳梨丁。

Tips:此道甜點的畫盤工具建議使用抹刀,可利用其平面將濃稠的醬填入盤面凹凸不平的紋路中,做出漣漪般的效果。

層次縱橫
詮釋巧克力簡鍊真淳之美

選用質感樸實、設計簡單的鑲邊陶盤，點出融心巧克力自然、紮實的氣質。盤飾以一系列巧克力元素為主力，平面飾以脆口的沙布列，而置頂宛如玫瑰花蕊，是刨刮而成的巧克力屑，本身即是香醇又具立體度的美麗裝飾。繼而搭配覆盆子冰沙、鮮奶油這兩樣與巧克力百搭不厭的異質組合，使這道融心巧克力展露簡鍊卻出眾的上乘風格。

● Le Ruban Pâtisserie 法朋 ─ 李依錫 主廚

器皿

材料

A 巧克力粉
B 巧克力沙布列
C 覆盆子冰沙
D 巧克力屑
E 融心巧克力
F 九州鮮奶油

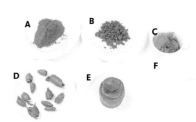

鑲邊陶盤 | 購自日本

質感拙樸的鑲邊陶盤，盤面有淺灰紋路，帶出巧克力
比較原始、大地的自然感，乾淨的色調適配度高。

步驟

1

以抹刀將融心巧克力置於盤中央。

2

舀取豐厚的九州鮮奶油置於巧克力頂
端，增加風味與立體層次。

3

一邊輕輕旋轉盤面，一邊於鮮奶油頂端
堆滿巧克力削。

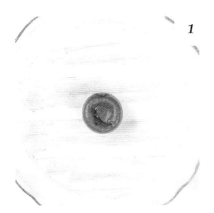

4

以抹刀輕敲篩網邊緣，使巧克力粉平均
灑落盤中央。

5

以抹刀將巧克力沙布列置於融心巧克力
一側預作固定。

6

於巧克力沙布列擺上挖成橄欖球狀的覆
盆子冰沙。

●
台北君品酒店 —— 王哲廷 點心房主廚

質感光澤的優雅小點
緞面妝點漸層色調

褐色色系向來給人優雅沉穩的印象,因此此道橙香榛果
巧克力除了本身由深到淺、由淺到深的五個同色系漸
層,還透過柳橙焦糖醬、焦糖杏仁碎、杏仁糖片、金
箔,四種濃淡不一、質感各異的褐色食材來妝點,展現
讓人舒服自在的韻律感。而長條光面白盤則為呼應橙香
榛果巧克力的鏡面光澤,並利用簡單的畫盤手法,刮出
如緞帶般的線條,讓每個小蛋糕彷彿一個小禮物,精緻
可愛。

A 柳橙焦糖醬
B 焦糖杏仁碎
C 橙香榛果
D 金箔
E 杏仁糖片

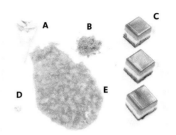

光面長條平盤 │ 一般餐具行

簡單俐落的光面，使用靈感來自於橙香榛果巧克力表面的鏡面光澤，以及其滑順圓角沒有盤緣，使創作不受限制，讓此道甜點的畫盤有如緞帶一般的質感。長盤造型適合派對和宴會等以小點為主的場合，營造時尚、精緻的感覺。

■ Step by step
步驟

1

長盤擺直，取兩條略長於盤子的膠帶，左右各貼一條，留出中間約與橙香榛果同寬的位置。再將柳橙焦糖醬隨意塗在空白處，以抹刀刮勻刷滿。

2

延續步驟 *1*，將柳橙焦糖醬以抹刀畫斜紋。

3

撕除紙膠帶、盤子擺橫向，在盤子左上側及右下側以焦糖杏仁碎橫各撒一條至 1/4 處。

4

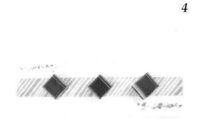

三塊橙香榛果轉成菱形狀，以相同間隔斜放在橙焦糖醬斜紋上。

5

取適當大小的杏仁糖片、順著畫盤斜紋，像屏風一樣貼在三塊橙香榛果其中

6

在橙香榛果與杏仁糖片對向的尖角綴上金箔。

亞都麗緻巴黎廳 1930 | Clément Pellerin Chef

以大樹為餐桌
黑森林裡的野宴

典型德式黑森林蛋糕的主要元素包括白蘭地酒釀櫻桃、巧克力蛋糕、巧克力碎片和鮮奶油，以此為靈感解構傳統大蛋糕，將最佳配角「酒釀櫻桃」轉換為主角，同樣是巧克力慕斯蛋糕卻以櫻桃造型呈現，再搭配上恍如大自然樣貌與色調的食材，葉片造型巧克力、紅酸模葉和散落一地枯黃而細碎的巧克力酥餅，環繞烘托出渾然天成的黑森林景緻。

器 皿

樹幹木盤 | 購自園藝店

原為園藝資材的樹幹木盤，以天然樹幹裁切而成，不
同於一般年輪圓盤，其曲線優美而特殊，如餐盤的造
型存在感強烈，營造出自然原始的氣息，並帶出其主
題概念，將整體視覺合而為一，彷彿在森林裡用餐。

材 料

A 櫻桃巧克力慕斯蛋糕
B 葉片造型巧克力
C 櫻桃白蘭地冰淇淋
D 巧克力酥餅
E 迷你紅酸模葉
F 巧克力蛋糕
G 櫻桃醬

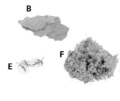

■ Step by step

步 驟

1

將櫻桃巧克力慕斯蛋糕平擺在食器中央
稍為靠左上方的位置。

2

巧克力蛋糕捏成大小不等數塊，以三角
構圖擺放在木盤上。

3

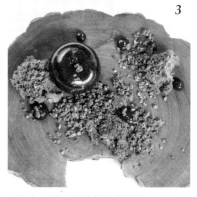

巧克力蛋糕周邊擠櫻桃醬點綴。接著將
敲碎的巧克力酥餅，不均勻地鋪灑在中
間空白處，為放置白蘭地冰淇淋做準備
防止滑動。

4

將迷你紅酸模葉的紅色葉紋朝上，以三
角構圖擺放，作為點綴。

5

以湯匙挖櫻桃白蘭地冰淇淋成橄欖球
狀，斜擺在中間的碎巧克力酥餅上。

6

取四片大小不等的葉片造型巧克力，呼
應樹皮質感，分別輕覆在櫻桃白蘭地冰
淇淋、巧克力蛋糕處。

棋盤空間思辨
一場白森林蛋糕與水果的邏輯推演

純白方正的大盤,相較於圓盤的曲線,給人冷靜理性的印象,其強烈的存在感,需要仔細思考整體的空間配置和平衡,以及與甜點本身的線條關係。而擺盤就像下棋,是一場邏輯的思辨,揣測下一步該怎麼走,以巧克力醬畫白盤為棋盤,德式白森林蛋糕與巧克力蛋糕是黑子與白子,在規範的線條裡各自為陣又相互交纏,再添上水果與果醬,製造繽紛的視覺效果,衍伸出錯縱複雜的局面,一如白森林蛋糕顛覆了黑森林濃郁強烈的形象,以水果搭配出新滋味,帶出圍棋對弈時的意象。

亞都麗緻麗緻坊│蘇益洲 主廚

器皿

材料

A 紅櫻桃餡
B 藍莓醬
C 巧克力醬
D 柳橙醬
E 蔓越莓
F 草莓
G 德式白森林蛋糕
H 巧克力蛋糕

方形白平盤 | 阿拉伯聯合大公國 RAK

選擇大尺寸的盤子時，要審慎思考空間的運用，再加上方形盤的盤緣寬度會大大影響整體面積和視覺感受。而此道甜點使用平盤，近乎無盤緣，創作空間大，適合以畫盤為主的盤飾，又方正的外型給人冷酷的印象，以此發想便運用畫盤使之成了棋盤。

步驟

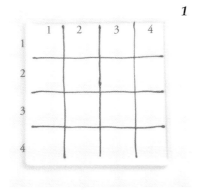

1

巧克力醬以擠花袋，在盤內畫上相互垂直的三條直線，成為4×4的16格棋盤。

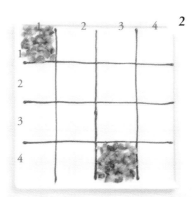

2

草莓去蒂切成丁，然後鋪放在1-1和3-4的空格內。

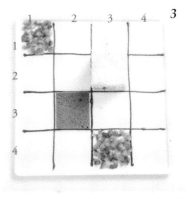

3

德式白森林蛋糕放在3-2，巧克力蛋糕放在2-3的空格內。

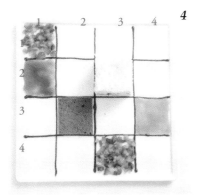

4

將柳橙醬塗在4-3的空格，接著再將藍莓醬塗在1-2的空格，可利用湯匙或牙籤把格子的邊均勻塗滿。

5

用湯匙挖紅櫻桃餡，塗滿2-2的空格。然後將一顆蔓越莓放在德式白森林蛋糕的中間。

Tips：擺盤前建議先量出盤子分為16小方格的尺寸，然後將蛋糕體（德式白森林蛋糕、巧克力蛋糕）切成相當的大小。

黑森林之舞重組為圓
新時代神秘高雅風韻

解構既有黑森林蛋糕元素,將之逐一重組演繹,是這道擺盤的主要精神。優雅的方角白盤襯托出黑森林蛋糕的深濃色調,櫻桃、巧克力蛋糕等黑森林元素,皆沿著畫盤的圓圈刷紋清楚排列。而櫻桃酒雪酪、櫻桃果凍,則是基於既有的櫻桃元素的翻新創造。馥郁的酒紅、咖啡色調與圓潤造型既延續黑森林的經典高雅,又增添幾分現代的時尚趣味。

台北喜來登大飯店安東廳 — 許漢家 主廚

■ Plate
器 皿

■ Ingredients
材 料

A　巧克力海綿蛋糕
B　酒漬櫻桃
C　巧克力片
D　蛋白餅
E　櫻桃果凍
F　鮮奶油
G　櫻桃酒雪酪
H　巧克力醬

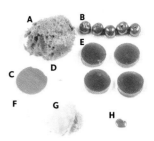

方角盤｜日本 Narumi

造型特殊的優雅方角盤，其凝鍊線條與德式黑森林的
高雅相得益彰，白瓷質地也可使食材的深色調更活潑
鮮明。

■ Step by step
步 驟

1

於盤中擠上一滴巧克力醬，再以刷子刷
出小圓圈畫盤。

2

於巧克力醬小圓圈上，以三角構圖擺放
三片圓形櫻桃果凍。

3

於巧克力醬小圓圈上，擺上四顆酒漬櫻
桃與蛋白餅。

4

撕取海綿蛋糕，以三角構圖擺滿巧克力
醬小圓圈其他空隙。

5

於巧克力醬小圓圈的三角，以星形嘴擠
花袋擠上三球鮮奶油預作固定，再分別
豎擺一片巧克力，使得巧克力片與櫻桃
果凍交錯排列。

6

挖櫻桃酒雪酪成橄欖球狀，置於小圓圈
正中央。

● MUME｜Chen Chef

雪地裡的冰山
黃金分割解構出自然美的平衡

將常見的起司蛋糕，從印象中大塊立體的樣貌解構成大小不一的碎塊，提供盤飾更多自由度，而其他食材也同樣為碎塊，透過大大小小的堆疊成山峰狀。整體構圖留白多，將所有食材集中成一弧線，可以看到盤子與弧線的比例約為 1:1.618 ，以黃金比例來做分割，呈現自然美的平衡，在色彩方面則用簡單兩色交錯擺放，在一片雪白中高明度的草莓粉色帶出優雅氣質。

器皿

釉灰色圓平陶盤 | 特別訂做

表面平坦的圓盤能使擺盤不受侷限,並帶出時尚感。
而釉灰的冷色調和盤緣自然剝落則呼應了本道甜點的
液態冷凍起司蛋糕、冷凍乾燥草莓粒和冷凍白巧克力
粉,呈現出恍若雪地般的樣貌。

材料

A 液態冷凍起司蛋糕　　D 冷凍白巧克力粉
B 冷凍乾燥草莓粒　　　E 杏仁餅乾
C 草莓雪酪　　　　　　F 焦化奶油起司

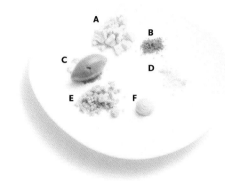

步驟

1

將焦化奶油起司以擠花袋,在中間偏左
下擠三個大小相同帶弧形的點作為基本
定位。

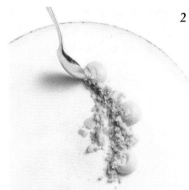

2

用小湯匙鋪上杏仁餅乾屑,將三點焦化
奶油起司串聯起來。

3

液態冷凍起司蛋糕鋪在焦化奶油起司、
杏仁餅乾上面。並用手做出弧形讓蛋糕
成形。

4

以湯匙挖草莓雪酪成橄欖球狀,斜擺在
液態冷凍起司蛋糕上面,點亮整個色
調。

5

冷凍白巧克力粉以湯匙輕灑一直線在全
部的食材上。

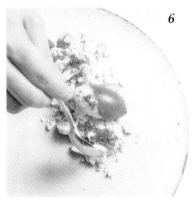

6

冷凍乾燥草莓粒同上一步驟,以湯匙輕
灑一直線在冷凍白巧克力粉上。

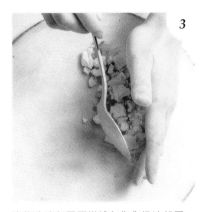

融雪之後
看見變換食材形態的新春

為呈現融雪之後春色乍現的自然情景，將無花果輾平，透出淺淺
紅紅綠綠的色彩，就有如融雪後土地隱約冒出的綠意，磨成碎屑
的冷凍起司蛋糕則代表了零星附著著、未融化的雪，最後均勻散
落的檸檬皮屑、藍莓、草莓和鮮花，與如泥土的巧克力餅乾屑，
整體採用簡單的平均分布擺放，營造大自然的樣貌，暗示春天將
要來臨。

器 皿

材 料

A　檸檬皮屑
B　無花果
C　藍莓
D　冷凍起司蛋糕
E　食用花
F　草莓
G　巧克力餅乾屑

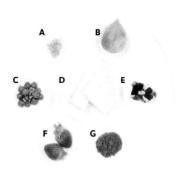

不規則圓盤 | 購自上海

盤面呈現不規則如波浪般的流線弧度，可以透過其本身設計，線條向內聚集的特性，讓視線沿著走向中心，因此將甜點主體簡單地置於中央，以突顯盤面的造型，提供視覺的多樣性。

■ Step by step

步 驟

1

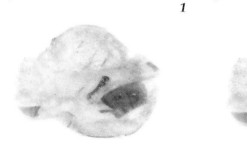

將整顆無花果壓扁成平面，置於盤子正中間。

2

冷凍起司蛋糕磨成碎屑放在無花果上面偏右。

3

切成角狀的草莓和剖半的藍莓，切面朝上隨興在無花果上擺成一圈。

4

無花果上撒上些許檸檬皮屑、巧克力餅乾屑和撕碎食用花。

Tips：將水果放在塑膠袋中或者保鮮膜包裹起來，再用桿麵棍敲打壓平即可，通常壓扁後可以先放冷凍稍微定型後再使用。若想將其他水果變形，要挑選質地偏軟的。

台北君品酒店 — 王哲廷 點心房主廚

金銀華麗小派對
精緻齊整的歐式風情

分切為一口大小的低脂檸檬乳酪，精緻小巧，適合用於宴會，並利用擺盤中最常見的基本構圖，將相同造型的甜點，重複整齊的擺一直線，衍伸韻律感、帶出氣勢。為營造出華麗的感覺，此道盤飾使用金粉畫盤襯托造型單純的蛋糕主體，但要特別注意的是，避免走向日式風情，搭配歐風濃厚的長白盤而非深色的黑盤，再加上裝飾配件如珍珠糖片、銀箔、巧克力飾片，紅、橘、籃紫、粉銅、金銀齊聚一堂，即是一場高貴華麗的小派對。

器 皿

材 料

A 銀箔
B 珍珠糖片
C 低脂檸檬乳酪
D 食用金粉
E 檸檬百里香
F 藍莓
G 草莓
H 巧克力飾片

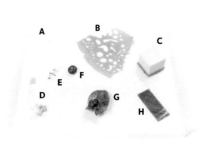

君度長條盤｜中國進口

細長的長白盤，中間盤面平坦，盤緣則立體有弧度並帶點裝飾線條，頗有歐風，可中和常用於日式料理的金粉畫盤，而整體造型則適合派對場合、盛裝小點。

步 驟

1

盤子擺直後，拿一支比盤子長的直尺壓在中間偏右方，將毛筆沾食用金粉畫出一條直線。

2

盤子轉為橫向，線條偏上方。三塊低脂檸檬乳酪轉成菱形，以相同間隔、上半部與橫線對齊擺放。

3

取三片長方型巧克力飾片，左邊與低脂檸檬乳酪左側對齊，貼在乳酪前方。

4

三顆草莓去頭對半切，錯開擺放在低脂檸檬乳酪上方。

5

三顆藍莓各擺放在三顆草莓前方，並在頂端綴上銀箔。

6

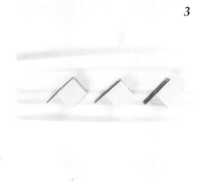

沾一點水麥芽在草莓上作為黏著劑後，隨興將珍珠糖片取適當大小，平放在草莓頂端。

台北喜來登大飯店安東廳—許漢家 主廚

多變風貌酸甜交織
獻給戀人的小步舞曲

為了情人節特別設計的主題甜點。主廚選用較少見的三角白瓷盤，襯托蘊含諸多戀愛元素的帶狀甜點。作為甜點主體的心型白巧克力餅與草莓起司，象徵愛情的粉嫩甜美；而草莓、奇異果、青蘋果雪酪等綴飾，則指涉戀愛新鮮酸甜的另一面。盤飾除了於嬌嫩的紅粉主調穿插綠、紫等變奏，也細心呈現每一食材不同形狀、切面的紋理，以食物具體而微詮釋了複雜繽紛的戀愛百態。

器皿

材料

A 心型白巧克力餅
B 開心果碎
C 奇異果軟糖
D 米餅
E 橘子
F 藍莓
G 草莓
H 草莓起司
I 草莓果醬
J 蛋白霜餅
K 青蘋果雪酪

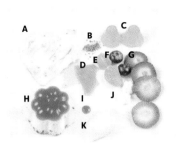

三角瓷盤 │ 台灣大同

較少見的三角白瓷盤，配上各式甜點都可展現別樣的
視覺感受，瓷器的白則可帶出清新甜美的質感。

步驟

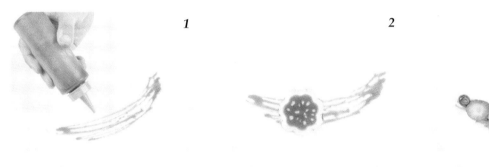

1

於盤面水平以擠醬罐擠上幾道草莓醬弧
線，作為畫盤。

2

以抹刀將草莓起司置於弧線畫盤約 1/3
處，略略偏於中線。

3

以鑷子夾取水果、軟糖和蛋白霜餅沿草
莓醬弧線擺上，露出水果切面可使畫面
更立體美觀。

4

於草莓起司旁斜擺上心型白巧克力餅，
使心形輪廓俯看、側看皆清楚呈現。再
於豎立擺放三片不同顏色的米餅於水果
之間。

5

抓取一小撮開心果碎，使開心果碎似有
若無地灑落於甜點表面，再於盤面一角
灑上稍多的開心果碎預作固定。

6

舀取青蘋果冰沙成橄欖球狀置於開心果
碎上。

Orange Cheese Cake,
Compote Fruit, Candied Floss
柳橙起司糖漬水果柳橙糖片

明亮清新的夏日小幸福

這道甜點集中展演柳橙酸甜輕盈的氣質，以平面方盤鋪
排柳橙起司主體，與其他以糖漬水果為主的繽紛飾物。
豎立的糖片與薄荷葉則延伸了盤飾立體度與突顯柳橙起
司主體，糖片的甜脆口感也可增加柳橙起司的層次。潔
白的盤面，也烘帶出柳橙甜點黃色調的活潑清新氣質。

● 台北喜來登大飯店安東廳 ─ 許漢家 主廚

器皿

材料

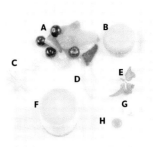

A 糖漬水果
B 馬卡龍
C 柳橙糖絲
D 條狀蛋白霜餅
E 薄荷葉
F 柳橙起司
G 鮮奶油
H 芒果醬

白長方盤 | 德國 Thomas Rosenthal group

白方盤配上色彩鮮豔的季節水果，可使盤面清爽不厚重，呈現夏日清新、輕快的美感。

步驟

1

於盤面三角擠上三滴芒果醬預作定位，再以湯匙朝盤中心回刮，完成畫盤。

2

以抹刀將柳橙起司擺放於芒果醬畫盤的中心空白處。

3

裝飾糖漬水果。沿著芒果醬畫盤綴飾藍莓、切成角狀的草莓，再於柳橙起司頂端綴飾幾瓣柳橙、橘子。

4

將蛋白霜餅斜斜靠在草莓上。

5

於柳橙起司頂端以星形花嘴擠花袋擠上一球鮮奶油預作固定，小心將糖絲豎立插上。

6

於盤面角落以星形花嘴擠花袋擠上鮮奶油預作固定，再將馬卡龍豎直擺上。最後於柳橙起司表面插上薄荷葉。

少女裙襬清新亮麗
鵝黃襯出寶石光澤

色調清新簡單的低脂起司蛋糕，採用減糖減油的方式製作，是特別為了注重健康與身材的女性所設計，搭配豔紅且飽滿紅醋栗串，以及帶有光澤的綜合蜜餞和香柚醬，襯以立體摺紋圓瓷盤，彼此搭配有如亭亭玉立的少女，抹上唇蜜、戴上耳環，展現年輕特有的清新亮麗，也是相當受到日本客人喜愛的一道甜點。

● 寒舍艾麗酒店 — 林照富 點心房副主廚

器皿

材料

A 糖粉
B 鳳梨片
C 薄荷葉
D 起司蛋糕
E 卡士達醬
F 綜合蜜餞
G 香柚醬
H 紅醋栗
I 柳橙片

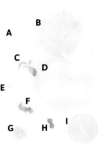

白色立體摺紋圓瓷盤 │ DEVA

盤緣為不規則的立體緞帶摺紋，可以賦予造型簡單的食材甜美、清新的躍動感，如少女裙擺輕甩旋轉開來。

步驟

1 湯匙舀香柚醬刮畫出粗細不一的圓形線條。

2 將鳳梨片放在香柚醬畫盤中偏下，再將已撒上糖粉的起司蛋糕與之交疊。

3 用擠花袋將卡士達醬在起司蛋糕頂端偏後方擠一球。

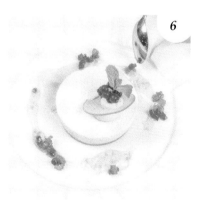

4 接續步驟 **3**，將柳橙片斜斜黏在卡士達醬上。

5 接續步驟 **4**，再用擠花袋於柳橙片上擠一球卡士達醬，並黏上一串紅醋栗，再綴飾一小株薄荷葉。

6 將綜合蜜餞隨興疊在外圈香柚醬上。

● 北投老爺酒店 ─ 陳之穎 集團顧問兼主廚

北投老爺酒店 ─ 李宜蓉 西點師傅

單邊留白收攏
春意盎然的繽紛花園

幾何造型的起司蛋糕前中後放在主視覺線條上，再以精
緻小巧、造型各異的花果緊密穿插，大面留白與收攏成
的一直線，簡單聚焦繽紛亮麗，彷彿春天新芽繁花茂盛
的美麗景象。

器 皿

材 料

A 覆盆子棉花糖
B 繁星
C 奇異果
D 奇異果醬
E 覆盆子醬
F 芒果醬
G 抹茶起司蛋糕
H 原味起司蛋糕
I 草莓
J 薄荷葉
K 芒果起司蛋糕
L 巴瑞脆片
M 蛋白糖

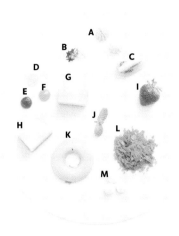

白色淺盤｜購自亞商大地

白色圓盤面積大而平坦，表面光滑適合當作畫布，能有大片留白演繹空間感，造型簡約俐落，能完整呈現盤飾畫面。

步 驟

1

於盤面 1/3 縱向撒上巴瑞脆片，做出寬直條以定出主視覺位置，並使用抹刀收邊。

2

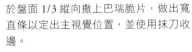

將原味起司蛋糕和抹茶起司蛋糕，以不同角度平均間隔斜放在巴瑞脆片線條上。

3

將芒果起司蛋糕斜靠在抹茶起司蛋糕上。

4

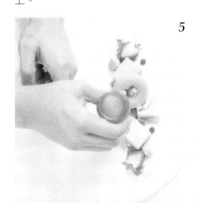

依序將剖半的草莓、切成角狀的奇異果、覆盆子棉花糖、蛋白糖平均交錯放在巴瑞脆片線條上。

5

於巴瑞脆片線條兩側，用擠醬罐交錯擠上數滴的奇異果醬、芒果醬、覆盆子醬。

6

將繁星隨興綴上。

Le Ruban Pâtisserie 法朋 ｜ 李依錫 主廚

以玫瑰為核心
由內而外細緻呼應

擺盤裝飾的配件盡量呼應甜點本身的外型、口味，使視覺帶動味覺，引發感官的連貫審美，是擺盤非常重要的核心理念。這道白色戀人從宛如白玫瑰的白巧克力外觀，活用白色調純淨柔軟、可塑性強的優點，也呼應法國白乳酪起司內餡。以嬌豔的紅玫瑰綴飾，除了以紅、白對比強化玫瑰主題，也與金箔連帶塑造高雅氣質。

器 皿

白色銀邊圓瓷盤 | 美國 vera wang Wedgwood

略帶環形鑲飾的白瓷圓盤，色澤與形狀皆呼應白色戀
人蛋糕體的外觀。

材料

A 覆盆子果瓣

B 白色戀人起司蛋糕

C 覆盆子醬

D 南投有機玫瑰花瓣

E 和風純金箔

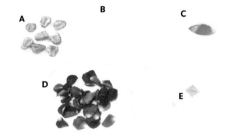

步 驟

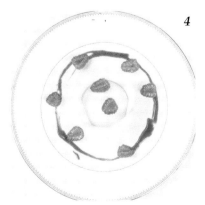

1

舀取覆盆子醬，沿盤面隨興環繞一圈，
作為環狀畫盤。

2

以抹刀將白色戀人蛋糕體置於盤中央。

3

用擠花袋於蛋糕體中央擠上數滴葡萄糖
漿方便沾黏覆盆子和玫瑰花，並在蛋糕
花瓣上擠上數滴做出露珠的效果。

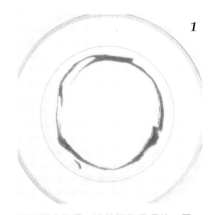

4

於蛋糕體、覆盆子醬畫盤點綴數顆剖半
的覆盆子。覆盆子切面朝上。

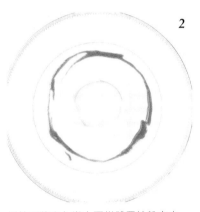

5

於蛋糕體與覆盆子醬畫盤隨興擺上玫瑰
花瓣。

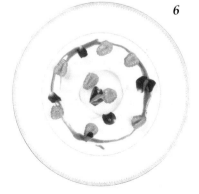

6

以刀尖於蛋糕體邊緣輕點金箔，再於蛋
糕體上的玫瑰花瓣擠上數滴葡萄糖漿做
出露珠的效果。

藍莓星球的藍莓宇宙
想像一個黑色圓盤的銀河系

星團綴滿黑色夜空，大大小小閃爍銀色光芒，橘、
白、紅、藍、紫、粉、褐在雲層與光線之中暈染成
層、變幻無窮。此道盤飾將有著完美圓形與凹凸不平
表面的藍莓起司蛋糕，以及金色、銀色巧克力球化為
銀河系裡的星球，以銀河中常見色彩的果醬畫出，透
過交疊線條與混和，做出光暈效果。整體的擺放結構
採用多重三角構圖法，由小到大，由線條、平面到立
體，創造出穩定協調的畫面、帶出視覺重心，以黑盤為
底襯托出宇宙間的魔幻時刻。

緻麗織坊 ─ 蘇益洲 主廚

器 皿

棕點黑圓盤 | 日本進口

帶有棕色點點的黑盤質地光滑，呼應盤飾概念，映照
出如星光的色澤，並有效襯托明亮色系的食材，而窄窄
的盤緣與淺淺的弧度，適合畫盤並創造出無邊的想像。

■ Ingredients

材 料

A 焦糖醬
B 糖粉
C 香草醬
D 巧克力球
E 藍寶石起司蛋糕
F 藍莓醬
G 黑櫻桃醬
H 柳橙醬
I 覆盆子醬

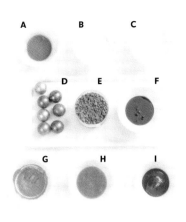

■ Step by step

步 驟

1

先將香草醬、柳橙醬、藍莓醬和覆盆子
醬放入擠花袋。依序將香草醬、柳橙醬、
藍莓醬在左上角左右來回各畫出三角形
的一邊，再用湯匙輕輕將顏色和在一
起。

2

接著再以覆盆子醬在步驟 **1** 的醬汁上，
左右來回畫出長短不一的線條，同樣以
湯匙和色。

3

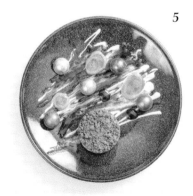

用湯匙挖取黑櫻桃醬，在盤面上半部以
三角形構圖點上大小各異的三個圓。再
把焦糖醬以少於黑櫻桃醬的量點於其
上，然後用刀尖或牙籤畫圈，把兩種醬
和出旋轉線條。

4

藍莓醬汁與藍寶石起司蛋糕以以三角形
構圖排列在畫盤下半部。

5

巧克力球數顆交錯擺放在各圓點之間。

6

以指尖輕敲篩網，也是以三角形構圖分
別將糖粉撒在蛋糕體右下填補未畫盤
處，以及盤子上方兩側，讓整體如發光
一般。

Tips：使用湯匙底部輕輕將各色醬汁和在一
起，可以作出油畫般的效果。

不對稱的美感
潑墨畫旁的經典甜點

帕芙洛娃據説命名源自於著名俄羅斯芭蕾舞者安娜·帕芙洛娃(Anna Pavlova),當她表演巡迴至澳洲和紐西蘭時,主廚特別為她設計的甜點,通常以圓形蛋白餅為底,外皮酥脆內餡鬆軟,再覆以一層打發鮮奶油,最後裝飾上自己喜歡的水果,簡單的食譜卻有著獨特的口感,因此常出現於節慶裡。而此道帕芙洛娃,則是翻轉順序以水果為底,覆上打發鮮奶油,再插上酥脆的蛋白霜餅,將綠茶櫻桃酒醬以潑墨的方式甩在盤子中線,以清朗的翠綠來烘托左主角——經典甜點帕芙洛娃,綴上百香果脆片、焦糖脆片、檸檬果凍、黃檸檬皮屑、百里香、薄荷葉等黃綠色系食材,清新地表現出渾然天成的不對稱美。

Yellow Lemon | Andrea Bonaffini Chef

器皿

材料

A	百香果脆片	D	蛋白霜餅	G	百里香、薄荷葉
B	焦糖脆片	E	檸檬果凍	H	黃檸檬
C	綠茶櫻桃酒醬	F	焦糖百里香鳳梨餡	I	香草打發鮮奶油

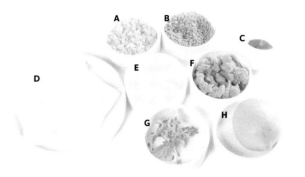

白色大圓盤 | 瑞典 RAK Porcelain

白色圓盤面積大而平坦，表面光滑適合當作畫布在上面盡情揮灑，並能有大片留白帶出時尚、空間感。其盤緣有高度能避免醬汁溢出。

步驟

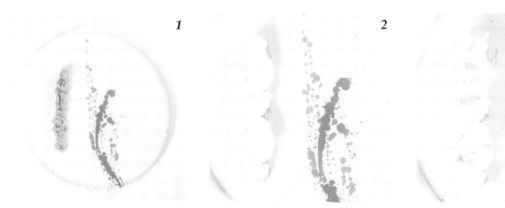

1

用湯匙將綠茶櫻桃酒醬甩成一條弧線到盤子上，再將焦糖百里香鳳梨餡一匙匙與手並用，在綠茶櫻桃酒醬旁捏成一直線。

2

將香草打發鮮奶油一匙匙覆蓋在焦糖百里香鳳梨餡上。

3

蛋白霜餅取適當大小，一片片交錯插滿香草打發鮮奶油。

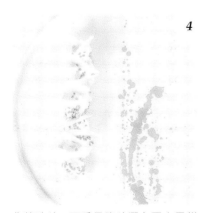

4

焦糖碎片、百香果脆片灑在蛋白霜餅上。

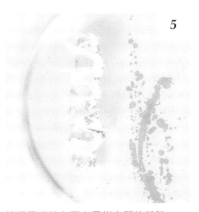

5

檸檬果凍放在蛋白霜餅之間的縫隙。

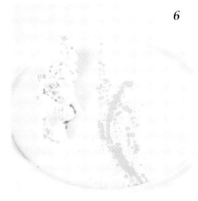

6

刨些黃檸檬皮屑在蛋白霜餅上，並把百里香和薄荷葉夾至其之間。

香蕉可可蛋糕佐咖啡沙巴翁

沉穩自然褐色層次
以拋物線平衡畫面

透過盤面既有的紋路作為視覺焦點,將食材由粗至細、由高至低擺放成拋物線,不同一般將食材以垂直或者水平線擺放的留白手法,給人時髦俐落的形象;拋物線同樣能平衡整體畫面,自然的弧度則予人沉穩、舒服的感受,呼應以圓組成的大地色食材。

● 德朗餐廳 — 李俊儀 甜點副主廚

器皿

材料

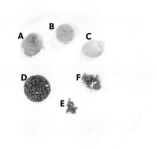

A 焦糖煎香蕉
B 香蕉蛋糕
C 咖啡沙巴翁
D 可可脆片
E 可可酥菠蘿
F 可可粉

漩渦紋白盤｜購自昆庭

白色的盤面上有深淺不一的灰色漩渦線條，如自然的畫盤，讓視線能沿著線條聚焦，可利此一特性將食材沿線擺放簡單畫出焦點，而略有高度的淺邊適合盛放有醬汁、易融化的冰品。

■ Step by step

步驟

1

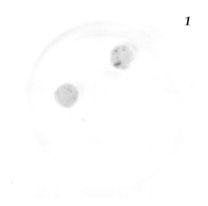

將兩片香蕉蛋糕置於盤中內圈紋路的1點鐘和10點鐘方向。

2

將焦糖煎香蕉於1點鐘方向的香蕉蛋糕疊上兩塊，10點鐘方向的疊上一塊。

3

將可可酥菠蘿以弧線連接兩塊香蕉蛋糕，線條由粗到細。

4

湯匙舀咖啡沙巴翁約從香蕉片的中間澆淋，使其自然流瀉至盤面。

5

將兩片可可脆片分別立插於焦糖煎香蕉上，並以不同角度呈現增添畫面的活潑度。

6

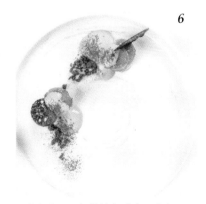

用篩網將可可粉撒於咖啡沙巴翁上。

Calamansi martini cup with milk and
caramel chocolate, mango compote and banana mango sorbet
金桔馬丁尼杯與香蕉芒果雪貝

● Angelo Aglianó Restaurant | Angelo Aglianó Chef

高腳玻璃杯
盡顯多層次豐富優雅

這道馬丁尼杯甜點的主要特色是以小金桔、焦糖巧克
力兩種奶油作為靈魂食材,揉合蛋糕、芒果丁等其他
配料層層堆疊,創造繽紛又不失統一的視覺變化。輕
敲杯身,使奶油搖晃均勻,是使擺盤美觀平整的最大
要素,而之所以將焦糖巧克力奶油置於表層,是因其
高雅的淺褐色調,比起偏白的金桔奶油更能映襯芒
果、巧克力球的色彩,且與芒果丁一酸一甜的搭配,
也交織出更多元的口味層次。

器 皿

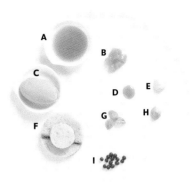

白瓷造型方盤、小碟、馬丁尼杯、黑白條紋杯墊
購自陶雅

馬丁尼杯搭上有立體線條的白瓷盤組呈現出高雅經典的西餐風格，配上條紋杯墊則又多了幾分時髦的現代感。

材 料

A 石榴糖水
B 芒果丁
C 香蕉芒果雪貝
D 芒果醬
E 小金桔奶油
F 橘子海綿蛋糕
G 薄荷葉
H 焦糖巧克力奶油
I 巧克力球

步 驟

1

於馬丁尼杯中舀放少許芒果丁。

2

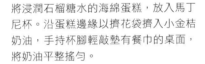

將浸潤石榴糖水的海綿蛋糕，放入馬丁尼杯。沿蛋糕邊緣以擠花袋擠入小金桔奶油，手持杯腳輕敲墊有餐巾的桌面，將奶油平整搖勻。

3

於蛋糕表面擺放少許芒果丁，再以擠花袋擠一圈小金桔奶油淹蓋芒果丁，再以和步驟 **2** 相同手法敲勻。

4

重複 **2-4** 步驟，惟將小金桔奶油改為焦糖巧克力奶油，最終甜品高度約為杯身的八分滿。

5

依序於奶油表面等距排列巧克力脆球、芒果丁，薄荷葉以三角構圖有立體感的排列，完成馬丁尼杯裝飾。

6

準備另一小碟盛放香蕉芒果雪貝，淋上少許芒果醬增加風味，最後將馬丁尼杯、小碟整個置於方盤。

確立裝飾重點與對照層次
創造大方風格經典

原味香草本身即是屬性較樸實、輕淡的甜點，選用鑲飾幾何黑花邊的圓盤可製造畫面衝突感，使視覺瞬時聚焦至黑花邊與白蛋糕的對比。若已選擇風格強烈、線條複雜的食器為盤飾重點，則擺盤配料也無須過度裝飾，以免最後畫面重點過多，流於蕪雜。因此配料僅以牛奶醬呼應蛋糕口味，並點綴些許覆盆子，黑、白、紅經典配色使盤面耐看又不失活潑。

● Le Ruban Pâtisserie 法朋 — 李依錫 主廚

器 皿

鑲黑邊圓盤 | 日本 pottery barn japan

鑲飾幾何花紋黑邊的白瓷盤,與色調輕柔的香草蛋糕
形成鮮明對比,也帶出高貴、洗鍊的盤飾氛圍。

材 料

A 乾燥覆盆子粉末
B 原味香草蛋糕
C 覆盆子果粒
D 北海道牛奶醬

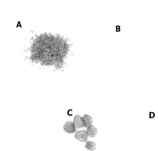

■ Step by step

步 驟

1

以抹刀以 45 度角將原味香草放在盤中
央,讓側面層次也展現出來。

2

撒灑乾燥覆盆子末,不需太多,只需點
綴盤面即可。

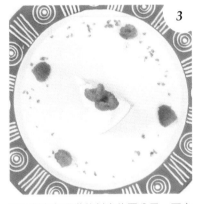

3

於蛋糕與盤面裝飾剖半的覆盆子,可交
錯展露果粒的表面與內側、使畫面更活
潑。

4

舀取北海道牛奶醬,小面積淋於原味香
草尖端,使其自然流瀉下來。

愛戀憧憬
純白動人的姿態

為呈現少女心中對愛戀的純淨憧憬,以牛奶為基礎演繹出四
種樣貌:脆片、蛋糕、醬汁與冰淇淋,從點線面的空間變
化,到固、液態的交錯,再搭配上白色深盤,綴以化身象徵
高貴與純潔的珍珠的小酒糖,具體展現對白色的純真想望。
而唯一不同色彩的三色菫,是戀人之間的思慕;是傳說中丘
比特錯將愛神箭射中原為白色的菫花,留下鮮血與淚水便抹
不去其沾染的色彩;更是花朵獨有的柔軟姿態。

器 皿

材 料

A 牛奶冰淇淋
B 水蜜桃珍珠酒糖
C 三色堇
D 水蜜桃牛奶醬汁
E 牛奶蛋糕
F 牛奶脆片

A

B   C

D

E

F

羅紋白色圓盤 | 購自義大利

由寬至窄、由高至低，如漣漪一般的水波紋，以及盤
緣與主體大小的強烈對比，除了能將視覺帶向主體，
更創造了寧靜、孤獨與細膩的氛圍。而此一具深度的
盤子，則可提供醬汁盛放，避免溢出。

步 驟

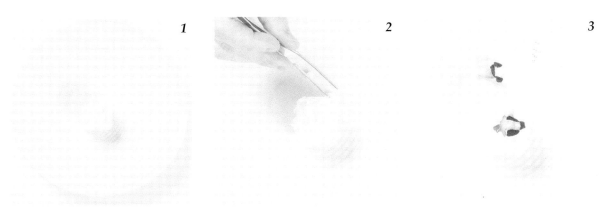

1

將牛奶蛋糕擺在盤子正中央。

2

用鑷子夾取幾顆水蜜桃珍珠酒糖，綴在
牛奶蛋糕上面和前方。

3

三色堇插在牛奶蛋糕上以及前方。

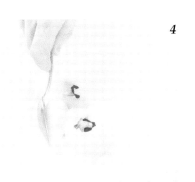

4

以湯匙挖牛奶冰淇淋成橄欖球狀，擺在
牛奶蛋糕右側。可作為黏著下一步驟的
牛奶脆片之用。

5

取一片大小適中、不規則狀的牛奶脆
片，斜放在牛奶蛋糕及牛奶冰淇淋上
面。

6

上桌時，從盤底空白處慢慢倒入水蜜桃
牛奶醬汁，高度大約淹至水蜜桃珍珠酒
糖的一半即可。

台北喜來登大飯店安東廳—許漢家 主廚

歲月靜好悠哉粉色調
別緻的和風午茶時光

優雅的鑲邊圓盤配上三角狀的抹茶蛋糕主體，淺藍、粉綠、奶白的主色調十分柔和，帶出形狀的基本視覺變化。此外也善用分子料理元素，抹茶土壤延展了盤面的水平線條，而豎立擺放的拉糖圈、蛋白脆餅等其他抹茶元素，則強調向上的銳角與立體度，為這道散發秀雅含蓄氣質的和風洋食，增添幾分跳脫傳統的獨特俏皮感。

■ Plate
器 皿

■ Ingredients
材料

A 微波蛋糕
B 抹茶巧克力蛋糕
C 抹茶蛋白脆片
D 拉糖圈
E 抹茶土壤
F 蛋白霜餅

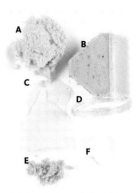

骨瓷圓盤 | Fine Bone China

鑲飾淺藍玫瑰紋的美麗圓盤，秀氣高雅的風格與抹茶系甜點的優雅彼此呼應，而大盤面能有大片留白演繹空間感與氣勢。

■ Step by step
步 驟

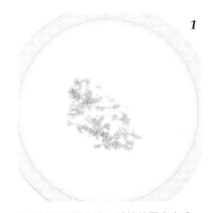

1

以手抓取抹茶土壤，鋪於盤面中央成一橢圓狀。

2

將抹茶巧克力蛋糕置於抹茶土壤之上。

3

於抹茶蛋糕側邊用星形花嘴擠花袋擠上一球鮮奶油預作固定，再將拉糖圈豎直擺放。

4

撕取抹茶微波蛋糕散置抹茶土壤之上，並斜擺一片不規則狀的抹茶蛋白脆片。

5

於抹茶土壤周邊以三角構圖擺上三顆蛋白霜餅，勾勒、穩定畫面。

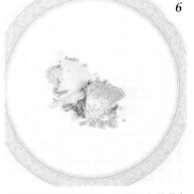

6

以指節輕敲篩網邊緣，於甜點表面灑上細細糖粉。

Terrier Sweets 小梗甜點咖啡 ｜ Lewis Chef

烤皿化身食器
稍縱即逝的綿密

入口即化、蓬鬆的舒芙蕾，出爐後遇到冷空氣便
會漸漸塌陷，讓主廚們常常焦急得要將他快快送
上桌，以此為趣味，將烤皿作為食器，小一號的
帶把銅鍋，綴以草莓櫻桃雪酪、開心果碎粒、乾
燥草莓粒等粉嫩、色彩明亮的食材，冷熱口感的
搭配，增加單一主體的分量並延伸視覺，而直接
置於的黑色長方岩板，除了以強烈色彩對比顯
色，也能用以襯底避免銅鍋燙手。

器 皿

黑色長方岩盤｜法國 Revol
小銅鍋與防熱手把套｜一般餐具行

將烘焙器具帶把小銅鍋和防熱手把套直接端上桌，除
了維持舒芙蕾的熱度，也營造快速出爐的趣味感，搭
配黑岩盤樸實的質感，予以簡單溫暖的感覺。

■ Ingredients

材 料

A 開心果碎粒
B 草莓櫻桃雪酪
C 舒芙蕾
D 乾燥草莓粒
E 布列塔尼粉
F 糖粉

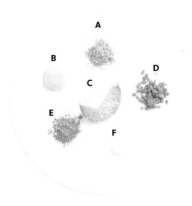

■ Step by step

步 驟

1

在盤中央以布列塔尼粉灑出一條線，留
下盤右約 1/3 的面積。

2

於盤一端約 1/3 處斜放上挖成橄欖球狀
的草莓櫻桃雪酪。

3

在雪酪的表面與側邊灑上乾燥草莓粒。

4

沿著布列塔尼粉上方點綴適量開心果碎
粒。

5

盤右 1/3 空白處，放上斜斜擺上小銅鍋
現烤舒芙蕾後，再撒上些許糖粉。

高底落差的視覺張力
強烈對比色搭配質樸材質展現南洋風情

鑑於市面上的舒芙蕾多講究口味，視覺上的呈現卻較為單調貧乏，特地以訂製的峇里島木盤來作擺盤，將蛋白餅、覆盆子海綿蛋糕、刨片小黃瓜卷、草莓片等多種鮮豔、對比顏色的食材自然、錯落地擺放在木盤上，並綴上食用花以增添柔美、南洋風情。木盤中以日式茶杯盛裝紅莓舒芙蕾，右側低矮透明玻璃杯中裝有小黃瓜冰沙，視覺上一高一低、粉紅粉綠，與底盤食材色彩呼應，雖然色調略淡卻以高度拉出視覺重心。

台北君悅酒店 | Julien Perrinet Chef

器 皿

材 料

A 蛋白餅
B 食用花
C 杏仁餅乾屑
D 覆盆子海綿蛋糕
E 刨片小黃瓜卷
F 義大利餅乾 biscotti
G 草莓片
H 糖粉
I 小黃瓜冰沙
J 草莓醬

木盤｜峇厘島訂製　**日式茶杯**｜一般餐具行
透明玻璃杯｜一般餐具行

內彎弧度優美，有高度地聚焦中線，因此將食材以長條狀擺放。而深邃古樸的木紋，能襯托色彩鮮豔的食材，並與質樸的日式茶杯氣質相吻合，材質上一深一淺、一粗糙一光滑形成強烈視覺對比。右側的透明玻璃杯放置冰沙，除了營造清涼感，也能降低存在感避免搶走主體的風采。

步 驟

1

先將日式茶杯和透明玻璃杯分別放在木盤的中間偏右和最左邊，因為舒芙蕾的澎度會快速消失，因此先放上杯子作為定位。杏仁餅乾屑撒在木盤中線的空白處，在杏仁餅乾屑上再一左一右撒上少許義大利餅乾。

2

在杏仁餅乾屑上一左一右放上三片草莓片後，將刨片小黃瓜卷一左一右共六個交錯放在草莓片旁。

3

捏成小塊的覆盆子海綿蛋糕和蛋白餅同前步驟依序一左一右蓋滿杏仁餅乾屑。

4

將三朵食用花點綴在草莓片上，並用擠花袋將草莓醬點交錯綴在前幾步驟上的食材上。

5

將小黃瓜冰沙盛入玻璃杯中，並放一個小黃瓜卷在冰沙上，點綴呼應盤中食材。

6

將烤好的舒芙蕾放在日式茶杯的位置上，再灑上糖粉點綴。要吃時把舒芙蕾中央挖一個小洞，將小黃瓜冰沙放進去一同享用。

水果迪斯可
漩渦放射熱情洋溢

跳脫常見思維,以水果盅的方式烤舒芙蕾,搭上各式各樣的水果,用其本身的酸度中和舒芙蕾的甜度,外型上即如其名 Fruit Soufflé(水果舒芙蕾),佛流伊舒芙蕾。整體構圖以主體集中、配料分散為原則,營造出韻律與喧鬧感,而反覆出現的各種造型、明亮色彩圍繞中心,以及深色螺紋線條的動態感,就彷彿流行於 80 年代的迪斯可舞廳(Disco),中心的迪斯可水晶球反射出一道又一道的霓虹光,水果們熱情洋溢、自由奔放,無拘無束地舞動著。

● Nakano 甜點沙龍 — 郭雨函 主廚

器皿

材料

A　巧克力醬
B　覆盆子
C　奇異果
D　芒果
E　藍莓
F　佛流伊舒芙蕾
G　糖粉
H　草莓

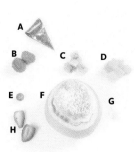

方薄盤 │ 泰國 Royal Bone China

畫盤以巧克力醬畫出漩渦，色調上屬繽紛熱鬧，因此
選擇方盤作為的對比，外方內圓的組合在上桌時可以
稍微偏斜角度，營造出其強烈有風格的個性。

步驟

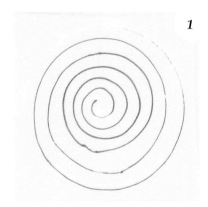

1

盤子放在轉檯上，一邊旋轉一邊以擠花
袋將巧克力醬由中心向外拉出螺旋紋。

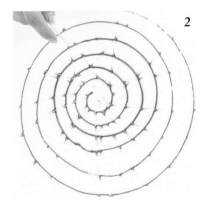

2

利用牙籤將螺旋紋由內而外，一圈一圈
刮出放射線條。

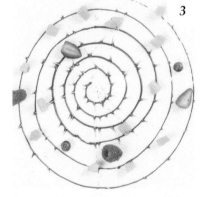

3

奇異果、芒果、草莓、覆盆子、藍莓五
種亮色系的水果，交錯分布在螺旋紋最
外圍的三圈。為讓裝飾水果大小相當，
需先將草莓對切、奇異果和芒果切丁。

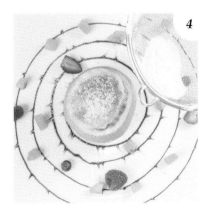

4

將佛流伊舒芙蕾擺在螺旋紋中間，以篩
網在上頭撒些糖粉裝飾。

自然感線條成流動的海
慵懶的午後海邊

舒芙蕾，法文 Soufflé 即是膨脹的意思，一般常見的舒芙蕾
造型是裝在小小的圓形烤碗裡，在烘烤過程中會膨出一塊鬆
軟的高度，出爐後接觸到冷空氣便會逐漸塌陷。而此道栗子
薄餅舒芙蕾，將容器變換為折成扇形的薄餅，膨起便成了貝
殼，溢出貝柱吐著沙，以此為中心構築出海灘風景，透過自
然流動的畫盤線條與清淡色調，營造自然不雕琢的畫面。
整體將盤面一分為二，左上與右下成一比二，主體擺在右下
角，周圍撒上餅乾屑與栗子泥，以三角構圖收攏不規則狀的
點、線。

● Start Boulangerie 麵包坊│Joshua Chef

器皿

材料

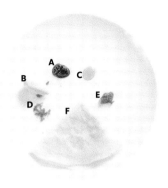

A 野莓醬

B 香草冰淇淋

C 百里香焦糖醬

D 餅乾屑

E 栗子泥

F 餅皮

白色淺瓷盤 | 一般餐具行

基本的白色圓盤面積大而小有弧度，表面光滑適合當作畫布在上面盡情揮灑營造意象，予以簡單乾淨的形象。

步驟

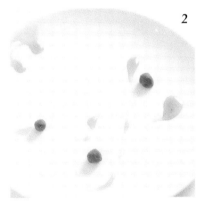

1

用湯匙舀百里香焦糖醬，在盤子右側刮畫出交叉的線條，並在左上方沿著盤緣讓醬汁自然流下。

2

在百里香焦糖醬的交叉線條上以三角形構圖放上三顆栗子泥。

3

用尖湯匙沾野莓醬，於百里香果醬的交叉線條上以三角構圖點畫出線條，並與栗子泥的位置交錯開來。整體的方向朝下，保持畫面的流動感。

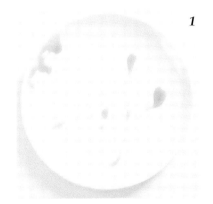

4

將餅乾捏碎撒，以三角構圖撒在百里香果醬的交叉線條上，並與栗子泥和野莓醬的位置交錯開來。

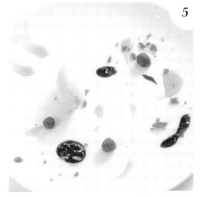

5

湯匙挖香草冰淇淋成橄欖球狀，放在中間偏左的餅乾屑上。讓餅乾屑固定使其不輕易滑動。

6

在百里香焦糖醬的線條交叉處，放上剛烤好的舒芙蕾餅，圓弧狀朝上，摺疊的角朝下。

台北喜來登大飯店安東廳 — 許漢家 主廚

形狀與點線面交錯變幻
散發溫暖與香氣的甜美星圖

方盤的方，巧克力粉畫盤的三角線條，宛如星空大三角的三
點巧克力醬構圖，再配上大面積的圓餅狀溫馬卡龍，使整體
色調以白、咖為主的簡單盤面，因多樣形狀與點線面靈活運
用，展現豐富的視覺趣味。將溫馬卡龍擺放至距客人較遠的
盤面右上方，則可使視覺延伸，使整體畫面更空曠舒適而不
侷促。

器皿

材料

A 巧克力粉

B 溫馬卡龍（舒芙蕾）

C 糖粉

D 巧克力醬

E 巧克力甘納許

F 巧克力球

G 香草冰淇淋

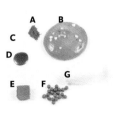

方盤 | 泰國 Royal Bone China

簡單雅致的方盤，可與擺盤的三角、圓點造型彼此襯托，增加視覺豐富性。

步驟

1

於盤面擺上預先剪出三角造型的塑膠隔板，持篩網輕灑一層巧克力粉，再灑上一層糖粉，最後取走隔板，完成三角狀畫盤。

2

於畫盤中央擺上小圓鋼模，擠入少許巧克力醬，並沿三角狀畫盤的周邊擠上三點巧克力醬。

3

於小圓鋼模中擺上巧克力豆，再輕輕取走鋼模。

4

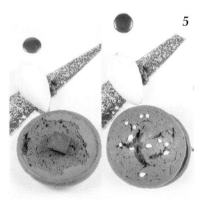

挖香草冰淇淋成橄欖球狀，置於巧克力豆上。

5

於三角狀畫盤左上方擺上剛烤好的溫馬卡龍，並在中間放入一顆甘納許。

6

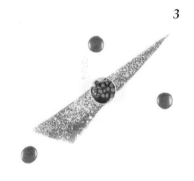

輕搖篩網，於溫馬卡龍表層灑上糖粉。

Tips：1. 畫盤時若選用三角形、方形等帶角度的造形畫盤，須注意尖角面不要對著客人，而是朝外。在法國餐飲傳統中，將料理尖角面向客人較不禮貌。2. 巧克力醬可黏附巧克力球，避免取走小圓鋼模後散亂滑動。

芭芭蛋糕

Baba with rum, wild berries
and yuzu honey cream
蘭姆酒漬蛋糕與綜合野莓及蜂蜜柚子

高雅深盤與繽紛果物
傳統小點華麗轉身

下窄上寬，如漏斗般的白瓷深盤，將這道源自那不勒
斯的樸實甜點，帶出另一種典雅風情，也便於淋上櫻
桃酒糖水，使芭芭蛋糕浸潤酒香，更顯芳醇。擺盤則
巧妙運用剩餘的蛋糕底點綴盤沿，佐以柑橘雪貝、藍
莓、覆盆子等酸甜討喜的果物，使盤面華麗多彩，傳
達出節慶般的歡愉氣息。

Angelo Aglianó Restaurant ｜ Angelo Aglianó Chef

器皿

材料

A 櫻桃酒糖水
B 柑橘雪貝
C 柚子蜂蜜奶油
D 蘭姆芭芭蛋糕
E 薄荷葉
F 蜂蜜柚子果凍
G 覆盆子
H 藍莓

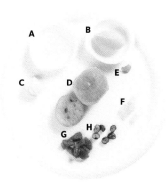

白瓷深盤｜購自陶雅

這款深盤造型下窄上寬，除了適合盛裝有湯汁的食物，也很適合擺放小巧的蘭姆芭芭蛋糕，一圈一圈的羅紋將視線帶向中央。

步驟

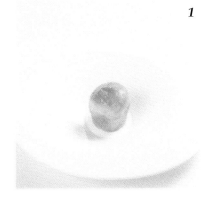

1

於深盤中央擺上蘭姆芭芭蛋糕，蛋糕底部可切掉，使其平整方便擺放。

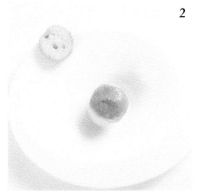

2

於盤沿一角擠一滴葡萄糖漿，再擺上蘭姆芭芭蛋糕底部，作為擺放雪貝的基底。

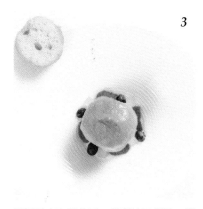

3

以鑷子夾取覆盆子、蜂蜜柚子果凍、藍莓沿芭芭蛋糕蛋糕交錯綴飾一圈。

4

由麵包蛋糕表面淋下櫻桃酒糖水，使糖水略淹過盤中水果、果凍等配料。

5

於芭芭蛋糕蛋糕頂端以聖諾歐黑花嘴擠花袋擠上些許蜂蜜柚子奶油，並交錯擺放剖半的覆盆子、柚子果凍、剖半的藍莓、薄荷葉等配料，使最頂端視覺豐富立體。

6

於盤緣的芭芭蛋糕底擺上整成橄欖球狀的柑橘雪貝，再點綴一片薄荷葉。

Tips 芭芭蛋糕較厚的一邊建議朝外，可形成稍高屏障避免雪貝融化後向外滑動。

S.T.A.Y. STAY & Sweet Tea｜Alexis Bouillet 駐台甜點主廚

法國傳統糕點
浸潤甜蜜桔黃色的淳暖時光

法式芭芭蛋糕本身口感紮實甜郁，所以盤飾則以柑橘、檸檬絲等輕巧、酸甜的食材為主。深盤底的柑橘水果糖漿使整體色調活潑，也是使芭芭蛋糕浸潤糖汁、表面亮澤可口的重要功臣。圓柱狀的芭芭蛋糕本身即具厚度與高度，上方擺放的香草香堤與檸檬絲亦可增加視覺立體縱深。整體裝飾簡單，卻都能使蛋糕風味更豐富出色，黃、褐、白的色調也傳達溫馨淳樸的氛圍。

器皿

材料

A 香草香堤
B 柑橘水果糖漿
C 法式芭芭蛋糕
D 金箔
E 糖漬檸檬絲

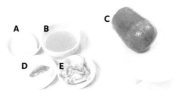

Chinaware Soup plate │ 特別訂做

印有雅尼克 A 字標誌的圓形深盤，具有深度凹槽、
大盤面、寬盤緣，利於盛裝醬汁、湯汁等液體和有高
度的食材，集中食材聚焦視線，為 STAY by Yannick
Alléno 專用食器。

步驟

1

以抹刀將法式芭芭蛋糕體置於深盤正中
央。

2

用擠灌將柑橘水果糖漿注入盤底，薄薄
淹過蛋糕底部，使其充分吸取糖漿。

3

以刀尖於蛋糕兩側點上數片金箔，提亮
整體視覺。

4

於蛋糕上方灑上餅乾碎末以增加摩擦
力，再擺上挖成橄欖球狀的香草香堤。

5

於香草香堤頂端擺上一撮糖漬檸檬絲便
完成。

Tips：挖取香草香堤時可順著湯匙弧面挖取，
待挖出橢圓形狀時再略回勾，使形狀圓潤。

結合盤型向內畫圓
馥郁動人的義大利經典

為了搭配口感偏軟的提拉米蘇，擺盤選用榛果、開心果粉、
覆盆子粉杏仁角等脆而硬的堅果類增加口感，而堅果類的香
氣也能與提拉米蘇的奶香、咖啡香完美融合，帶來濃醇富餘
韻的味覺感受。而堅果粉末微微的紅、綠色彩，則帶出義式
甜點的經典配色，將盤面點綴的更明艷討喜。

Angelo Aglianó Restaurant │ Angelo Aglianó Chef

器皿

材料

A 開心果粉
B 提拉米蘇
C 巧克力碎
D 覆盆子粉杏仁角
E 咖啡冰淇淋
F 榛果粒
G 榛果粉

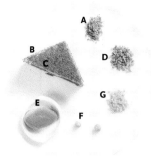

白瓷圓平盤 | 購自陶雅

簡單有質感的白色圓平盤，是擺放蛋糕類甜點的經典選擇。

步驟

1

於盤中輕灑巧克力碎，約略形成淡淡的圓形，完成畫盤。

2

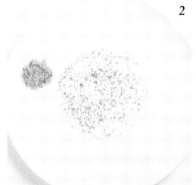

於盤緣擺上一匙榛果粉，作為最後擺放冰淇淋的基底。

3

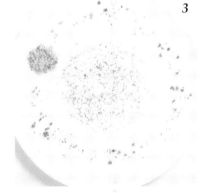

沿盤面周邊依序均勻撒灑開心果粉、覆盆子粉杏仁角。

4

於中間的圓形畫盤處擺上兩粒榛果。

5

以抹刀將提拉米蘇本體置於圓形畫盤處。

6

將咖啡冰淇淋挖成橄欖球狀置於榛果粉上，再灑上少許榛果粉於冰淇淋上。

Terrier Sweets 小梗甜點咖啡 | Lewis Chef

輕柔與粗獷
圓形提拉米蘇綻放酥脆活力

將原為方形或者三角形的提拉米蘇塑成立體球形，創造視覺新體
驗。整體透過中央集中、托高的方式聚焦，巧克力豆餅乾和蛋糕
粉兩種深淺不一的碎粒為土，一旁圍繞不規則造型糖片與花果，
高高低低營造活潑的律動感，有如剛萌發的枝芽，襯以水藍色波
盤，為粗獷、富生命力的甜點注入一股輕柔對比。而馬士卡彭起
司表面烤融的脆焦糖，食用時以湯匙敲破，清脆的聲響與擊破過
程，帶來食用時的無限樂趣。

器 皿

材 料

A	咖啡果凍
B	杏仁糖片
C	夏菫
D	咖啡糖片
E	巧克力蛋糕
F	馬士卡彭起司
G	巧克力豆餅乾
H	蛋糕粉
I	藍莓
J	開心果碎粒

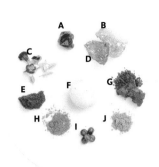

水藍色波紋深盤 | 購自陶雅

水藍色予人輕盈柔軟的感覺,再加上其自然的水波紋路和深度,一圈一圈交視線帶入中心焦點。搭配色彩沉穩的褐色提拉米蘇,冷色暖色兩相對比,使其展現年輕活力的面貌。

步 驟

1

將巧克力豆餅乾鋪滿盤底至略高於盤面。

2

將球形的馬士卡彭起司放在巧克力豆餅乾上。

3

蛋糕粉沿著馬士卡彭起司周圍撒一圈至約 3 公分寬,避免過窄被其他疊放的食材遮蔽。

4

五塊不規則狀的咖啡果凍平均間隔放在蛋糕粉上。

5

將夏菫、咖啡果凍、咖啡糖片和杏仁糖片依序平均放在蛋糕粉上。咖啡糖片和杏仁糖片事先塑成弧形,以直立穿插。

6

將一片足以包覆球形馬士卡彭起司的圓形杏仁糖片,置於馬士卡彭起司上,再使用噴射打火機燒融、塑形用手包覆。

羽翼拉糖
向上飛躍的靈動天使

德國南部傳統點心巴伐利亞，加上手指餅乾便成了家喻戶曉的夏洛特蛋糕(Charlotte)，綁上緞帶的造型相當經典，就像十八世紀歐洲名媛及帶動時尚風潮的英國國王喬治三世王妃夏洛特，最喜歡配戴的緞帶帽，是一種富淑女氣質的甜點，因此選用羽狀金色線條的圓盤和呼應主體的小巧芒果丁作為裝飾，帶出奢華、細緻的女性特質。而羽翼拉糖的盤飾亮點，來自於主廚認為西式盤飾概念與宗教的密切關聯，以天使做為發想，將羽翼拉糖襯在後方，拉升了視覺高度，晶瑩透亮的翅膀優美而精巧。

● Nakano 甜點沙龍 — 郭雨函 主廚

器皿

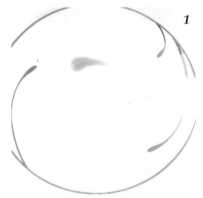

白底金邊圓盤 | HOLA

此道甜點主體偏向細膩精緻，因此選用金邊的白盤，
彷彿羽毛一般，呼應主題發想，不僅能簡單地襯托其
高雅氣質，旋轉線條更有靈動、飛躍之感。

■ Ingredients

材料

A　羽翼拉糖
B　開心果碎
C　芒果
D　巴伐利亞蛋糕
E　法國小菊
F　芒果醬

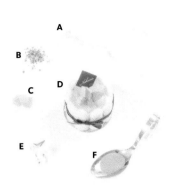

■ Step by step

步驟

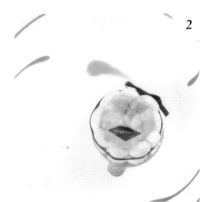

1

以湯匙盛裝芒果醬，以像畫逗點的方
式，自右至左點畫在盤中偏下方。

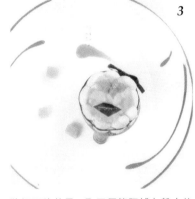

2

將巴伐利亞蛋糕擺在盤中的偏左方。

3

將切丁的芒果，取三個等距鋪在盤中的
偏右方，與芒果醬、巴伐利亞蛋糕大致
成圓形。

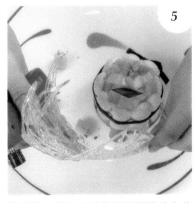

4

將黃、白兩種顏色的法國小菊，斜倚在
第二顆芒果丁旁邊，注意花朵朝向正面
擺放。再將些許開心果碎分別撒於三顆
芒果丁旁邊與表面一角。

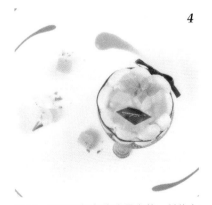

5

將羽翼拉糖黏在巴伐利亞蛋糕的左後
側，讓它看起來像從蛋糕背後長出來的
樣子。

Tips　固定糖片的方法，先用噴射打火機將
糖片底部燒融，放到欲擺盤的位置，將底部
壓在盤子上約一分鐘便能固定。若第一次燒
融得不夠，可邊按壓一邊適量的加火。

● Le Ruban Pâtisserie 法朋 ─ 李依錫 主廚

少即是多
簡單卻念念不忘的真味

因應原味蛋糕捲自然、真淳的風格，擺盤也以呈現食材最真實單純的一面為核心概念。首先選用風格溫潤甜蜜的圓盤，呼應蛋糕捲的黃褐圓柱狀外觀；再舀取鮮奶油突顯蛋糕捲的內餡口味，最後輕輕灑上糖粉，營造宛如雪花的清甜飄逸感。盤飾步驟簡單，卻精確傳達與蛋糕捲如出一轍的製作理念。

器 皿

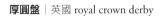

厚圓盤 │ 英國 royal crown derby

特意選用與蛋糕捲色調完全相同的圓盤，奶白、杏黃、淺咖的組合，再加上厚實的圓形，予人溫暖甜蜜的純樸形象。

材 料

A 蛋糕捲
B 日本鮮奶油
C 糖粉

步 驟

1

2

3

以抹刀將蛋糕捲盛盤，前低後高的方式擺放，並完整露出蛋糕捲剖面，可呈現堆疊、豐盛的立體感。

舀取一匙日本鮮奶油，置於蛋糕捲剖面與盤面之間，使其自然流瀉下來。

以指腹輕彈篩網，於蛋糕捲頂端輕灑糖粉，灑至盤面可延伸視覺。

共有交點的直線
描繪草莓捲的可愛時尚魅力

女孩們最喜歡的紅色甜點：草莓蛋糕、草莓片、草莓片、覆盆子醬與紅
色巧克力棒，簡單綴以紅、綠、黃。整體構圖採四線交錯，為避免在視
覺焦點上造成混亂，將其集中於一個交叉點，覆盆子畫盤線條延伸至盤
緣，以破格方式營造時尚感，而巧克力棒向上拉高視覺，做出新的三角
空間，讓小巧可愛的圓柱狀草莓捲更有張力，搖身一變大人女孩。

香格里拉台北遠東國際大飯店 ─ 董錦婷 甜點主廚

器 皿

材 料

A	金箔	E	卡士達餡	I	整顆草莓
B	食用花	F	覆盆子	J	巧克力棒
C	小菊花造型糖	G	藍莓	K	草莓香草捲
D	綠茶酥波蘿	H	草莓片		

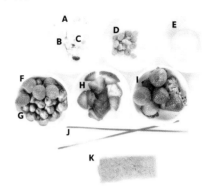

圓凹盤 | 日本 Fine Bone China Nicco

簡單常見的大圓盤，可以充分留白營造時尚感，而其下凹線條明顯有個性，再加上表面潔白光滑，燈光照下便會起聚光效果。

步 驟

1

用擠花袋將覆盆子醬在盤中由左到右畫出一條直線，再將草莓香草捲斜放在盤子右上角，與覆盆子醬的線條交叉。

2

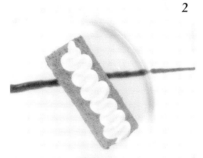

用剪成平口的擠花袋將卡士達餡，以波浪狀擠在草莓香草捲上。

3

先將切成角狀的四片草莓一左一右插在卡士達餡上。剖半的覆盆子和剖半的藍莓依序一左一右插在卡士達餡上。

4

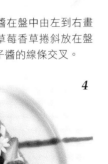

將切成 1/4 的綠茶酥波蘿穿插擺放在塔士達餡上，並放上一朵小菊花造型糖。

5

將剖半的覆盆子和剖半的藍莓，放在覆盆子醬沿線兩側。

6

覆盆子醬兩端放上新鮮小菊花。將兩條巧克力棒交疊在蛋糕體上，在其中一條的一端放上金箔。兩條巧克力棒的交叉點與蛋糕和覆盆子醬相交的點相同。

Tips 藍莓剖半、綠茶酥波蘿切成有角度，較容易固定、擺放。

● 維多利亞酒店 | Marco Lotito chef

大圓小圓落圓盤　高高低低 森林中的美麗輕嘆

綠茶搭配卡士達醬做出造型小巧可愛的森林卷，卷內的紋路宛如樹紋，切成不同長度直立擺放，顛覆一般以平放為主的擺盤方式，比擬為一顆顆的樹木，高低有別自然有層次，而大大小小的芝麻醬、奇異果醬圓點以及芒果冰淇淋除了能調和讓味道清爽，其他所有食材造型都以圓為主，結構簡單明確，長成舒服溫暖的午後森林。

器 皿

米色圓盤 | 購自 Hola

色彩自然的米色、層層立體的同心圓紋路，再加上深淺不一的褐色線條，呈現懷舊與樸實的視覺感受，配合森林卷溫和、天然的氣息。

材 料

A 芒果冰淇淋　　　E 巧克力脆餅
B 抹茶海綿蛋糕　　F 炭粉餅
C 芝麻醬
D 奇異果醬

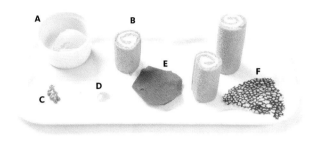

步 驟

1

將巧克力脆餅放在圓盤中心。

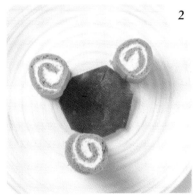

2

將三個長度不相同的抹茶海綿蛋糕捲，以三角構圖立放在巧克力脆餅周圍。

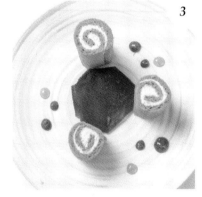

3

在蛋糕捲與蛋糕捲之間各以芝麻醬和奇異果醬點成大小不一的圓點，呈現活潑感。

4

將芒果冰淇淋挖成球放在巧克力脆餅上，接著橫插上一片炭粉餅。

Tips：三個長度不相同的抹茶海綿蛋糕在擺放的時候，要以矮的在前、高的在後為原則，避免用者在觀看時視線被阻擋。

展翅飛揚形象鮮明
色彩強烈的動態莓果生乳捲

由盤面上的氣旋紋路為發想，如臨起大風，動態感十足，因此將裝飾脆餅設計成翅膀狀，讓莓果生乳捲彷彿要起飛一般，掃起一陣旋風，旁邊散落的一圈開心果粒正在躁動。整體構圖由外而內一圈一圈聚焦，再以流線型脆餅向上延伸，色彩上則採是莓紅與鮮綠的強烈對比，讓人印象深刻且引人注目。在口感上，莓果生乳捲本身有豐盈乳香，入口即化，與脆餅、巧克力飾片和開心果粒的搭配增加層次。

台北君品酒店 —— 王哲廷 點心房主廚

A　巧克力飾片
B　焦糖醬
C　裝飾脆餅
D　紅莓生乳捲
E　開心果粒

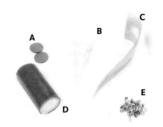

氣旋紋白圓盤 | 一般餐具行

白盤上帶有兩道宛如氣旋、颱風的紋路，意象簡單而
鮮明；大面積的盤面則營造出氣勢，第一眼就能吸引
目光，讓簡單的莓果生乳捲有了新的想像。

■ Step by step
步 驟

1

取大小適中的中空模具擺在盤子正中
央，利用轉盤，將焦糖醬以擠花袋在周
圍擠一圈。

2

沿著中空模具周圍灑上一圈開心果粒。

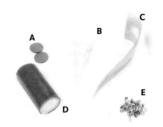

3

取下中空模具，在焦糖醬圈中央，以30
度角擺上紅莓生乳捲。

4

將裝飾脆餅寬邊的部分，壓在紅莓生乳
捲下方。

5

刷上粉銅色的圓形巧克力飾片黏在紅莓
生乳捲兩側。

花體簽名個性風
於簡鍊透出甜美

擺盤重點在於富簽名手感的「Opéra」花體字樣，傳達一種親切、人性化的留言風格，直述甜點之名。平滑的全黑石板宛如簽名板般突顯了甜點與字樣，而石板上散置的玫瑰花瓣則呼應歐培拉的玫瑰內餡，並使盤面活潑嬌豔，而不僅止於黑與白的嚴肅。為使盤面色調和諧，特別選用色調與奶白香草醬相近的銀箔點綴字體，質感高雅，卻又不會如金箔搶眼而奢華。

器 皿

材料

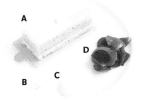

A 歐培拉
B 銀箔
C 香草醬
D 玫瑰花瓣

長方黑石板 │ 法國進口

簡單無華的全黑長方石板，是突顯甜點與盤飾的絕佳純色背景，俐落的線條與角度呼應歐培拉方正平坦的外型，個性十足。

步 驟

1

以香草醬於盤面上方拉出大大的 Opéra 的法文草寫花體字樣。

2

以抹刀於花體字對角處擺上歐培拉蛋糕本體。

3

於空曠處點上幾滴葡萄糖漿預做固定，再擺上幾片玫瑰花瓣綴飾。

4

於花體字樣點上銀箔，使字樣更閃亮。

Tips：香草醬製作溫度以 30°C 為宜，畫盤的花體字需注意力道與速度拿捏，若畫字時速度太快、力道不足，線條便容易斷裂。

反覆變奏的美好旋律
歐培拉奏出快樂頌

歐培拉為法國的經典蛋糕,至今已有數百年歷史,其原文「Opéra」即歌劇院之意,相傳因創製此人氣蛋糕的甜點店位於歌劇院旁而得名,另一說則是因為它方正的形狀如劇院舞台,中間綴上的金箔如加尼葉歌劇院(Opéra Garnier)一般上了金漆。傳統以咖啡糖漿海綿蛋糕和鮮奶油、巧克力醬層層交疊而成,最後表面在淋上一層巧克力醬,並裝飾上巧克力片和金箔。以此鮮明形象為發想,保留方正外型,分切成小塊加上簡單的五線譜線條及巧克力音符,重複而統一的配置方式和曲線律動,彷彿歌劇院輕快跳躍的樂章,深受女性的喜愛。

亞都麗緻麗緻坊—蘇益洲 主廚

器皿

材料

A 巧克力醬
B 紅酸模葉
C 歐培拉蛋糕
D 金箔
E 音符巧克力

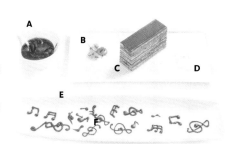

白長盤 | 日本 Narumi

帶有曲線的白色長盤,細長、小巧給人精緻可愛的形
象,適合盛裝小點和派對場合。而彎曲的線條則呼應
五線譜的線條,富有律動、節奏感。

步驟

1

將巧克力醬以擠花袋,在盤內畫上五線
譜。

2

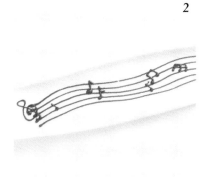

將音符巧克力擺放在五線譜上,並留下
三個間隔。

3

整塊歐培拉蛋糕均勻切成三個方塊。

4

將三塊蛋糕分別放在五線譜上的空位,
兩塊的直立、一塊平躺擺放,隨興擺放
使其不會呆板。

5

把金箔放在三塊歐培拉蛋糕表面一角點
綴。

6

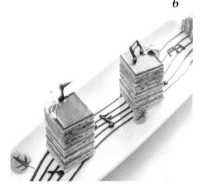

音符巧克力以直立、正面朝前插在三塊
蛋糕上。紅酸模葉的紅色葉紋朝上,平
均放在蛋糕上下的位置。

三角下的高山意象
大地色系與俐落線條的交鋒

因工作忙碌少有機會到戶外透透氣，主廚藉抹茶歐培拉的外型和色彩作為發想，山與綠來營造高山的意象。三角毛玻璃盤紋路粗獷如山岩，以三點讓畫面平衡並拉出視覺張力，而除了抹茶歐培拉，巧克力片也採用三角形造型呼應，刷上如雪的銀粉一前一後加強力道、拉高視覺，再藉雪柱般的焦糖臻果棒交錯創造三度空間，暗示高山橫看成嶺側成峰的多面向。搭配口味清爽、色彩柔和的芒果雪碧稍作調和；一旁灑落的巧克力酥波羅和線條鮮明的紫蘇葉就像踩在泥土上的踏青。

香格里拉台北遠東國際大飯店 — 董錦婷 甜點主廚

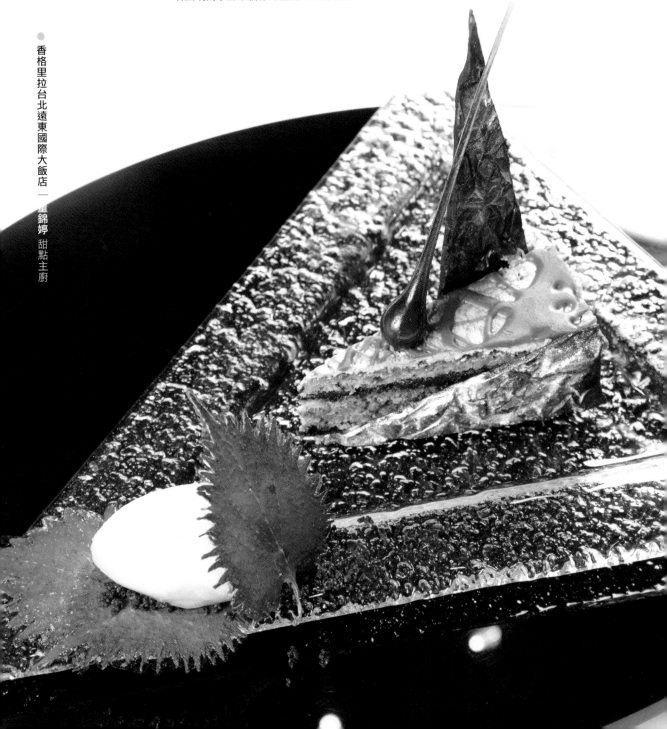

器皿

材料

A　糖烤紫蘇葉
B　銀粉巧克力片
C　巧克力酥波蘿
D　抹茶歐培拉
E　焦糖臻果棒
F　芒果雪碧

黑色橢圓展檯｜特別訂做　**三角毛玻璃盤**｜特別訂做

黑色橢圓展檯的鋼琴烤漆，能體現出高雅穩沉的氣質，與三角毛玻璃盤具現代感的線條俐落、鮮明紋路形成強烈對比，予以高山意象更強烈的感受。

步驟

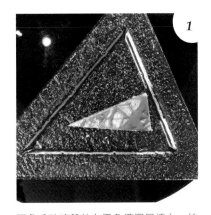

1

三角毛玻璃盤放在黑色橢圓展檯上。抹茶歐培拉放在三角盤右下角，尖端朝左。

2

銀粉巧克力片一片平貼蛋糕前側，一片頂點朝上、垂直黏在歐培拉後側。可利用葡萄糖漿作為黏著劑。

3

將兩片糖烤紫蘇葉交疊在盤子左下角的頂點上，然後再撒上一些巧克力酥波蘿。

4

挖芒果雪碧成橄欖球狀放在巧克力酥波蘿上，接著將糖烤紫蘇葉直立黏在其右側。

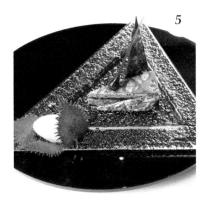

5

焦糖臻果棒斜立在歐培拉上。

星團點點無邊無際
不規則銀盤的寧靜想像

精緻的法國甜點蒙布朗襯以獨特的霧面銀盤，透過紅白交錯的點狀醬汁由盤內一路延伸至盤緣拓展、延伸畫面，呼應不規則盤面自由無邊的視覺感受，有如銀河星團點點繁多卻寧靜，再加上細糖絲閃耀的金、星形巧克力片神秘的黑，簡單的色彩彼此碰撞。

鹽之華法國餐廳 — 黎俞君 廚藝總監

器 皿

不規則金屬盤 | 購自歐洲

不規則盤面予人自由無邊的想像,再加上霧面金屬質
感,創造銀河暈染無限延伸的寧靜。金屬材質會反射
燈光能營造聚光燈的效果。

Ingredients

材 料

A 造型巧克力片
B 糖粉
C 糖烤栗子
D 覆盆子
E 蛋白霜
F 牛奶醬
G 糖絲
H 蒙布朗
I 覆盆子醬
J 芝麻糖片

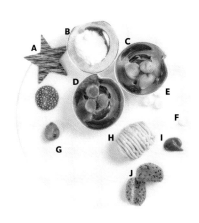

Step by step

步 驟

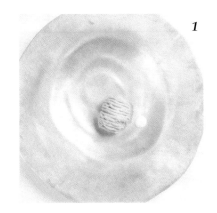

1

在盤中一角點上一滴牛奶醬,再於牛奶
醬旁放上蒙布朗。

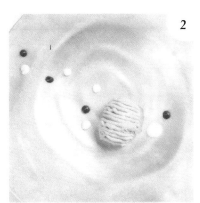

2

順著蒙布朗的橫向軸線,用擠罐將牛奶
醬與覆盆子醬交錯點綴,一路延伸至盤
緣。

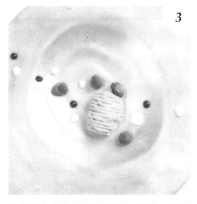

3

於醬汁旁綴上數顆覆盆子,再將一顆糖
烤栗子放在蒙布朗旁。

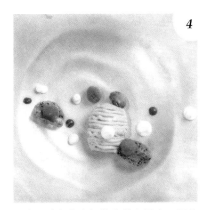

4

蛋白霜點綴在牛奶將和蒙布朗上,而芝
麻糖片則墊在兩顆同側的覆盆子下。

5

在蒙布朗的前方斜靠上裝飾巧克力片,
後方則放上糖絲。

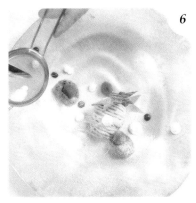

6

用篩網將糖粉撒於盤面上方 1/2 處。

翻轉蒙布朗
以食材仿造大雪紛飛之景

法國傳統甜點 Mont-Blanc，原文指白朗峰，中文直譯其音蒙布朗
或者俗稱法式栗子蛋糕，因其如山的蛋白霜堆上層層栗子奶油霜，
再覆上一層糖粉，彷彿秋冬之際山木枯萎長年積雪的阿爾卑斯山最
高峰——白朗峰。此道白朗峰翻轉食材組合順序，將栗子奶油霜和
蜂蜜蛋糕置底，以片狀灰色和白色蛋白霜餅，造出實景雪色，加上
大量橄欖檸檬油粉，營造乾燥、冷冽，被大雪吹襲的景象。堆疊蛋
白霜餅時，手感是重點，越立體高聳越能做出第一高峰的樣貌。

● Terrier Sweets 小梗甜點咖啡 │ Lewis Chef

器 皿

材 料

A　綜合莓果
B　蛋白霜餅
C　栗子奶油霜
D　蜂蜜蛋糕
E　栗子
F　橄欖檸檬油粉
G　芝麻蛋白霜餅

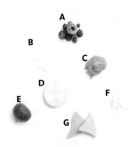

白色平盤｜購自家

潔淨白色與平滑的盤面，帶來冰冷、安靜的視覺感受，簡單的外型能完整呈現食材的樣貌，也呼應主題冷冽的雪景。

步 驟

1

盤中央放上一片圓形蜂蜜蛋糕作為基底。

2

舀栗子奶油霜成丘狀，集中並向上塑形以利後續堆疊。

3

將栗子與綜合莓果交錯鑲在蒙布朗上後，再於頂端再加一勺蒙布朗。

4

手剝蛋白霜餅和芝麻蛋白霜餅成不規則狀，兩者交錯由內而外圍繞蒙布朗的周邊與頂端。

5

接續上一步驟，再朝著縱向堆疊，延伸出山脈狀。

6

在整個蛋白霜餅上方自然撒下大量的橄欖檸檬油粉。

糖工藝打造三層架
火焰般的視覺震撼

靈感來自於英式下午茶的三層架，利用支架、基座、造型捲曲、交
錯的結合，一層一層燒融、焊接，打造工藝品般精緻的糖架。將各
式不同的蛋糕擺放在一起時，可藉由獨特的盛裝器皿營造視覺上的
震撼，而此糖架利用如火焰般的鏤空線條和錯落高度，襯托出不同
造型、各式色彩和口味的甜點，前方再放上粉嫩色系的馬卡龍調
和、點綴，將視覺向前延伸。

Nakano 甜點沙龍 ── 郭雨函 主廚

器皿

材料

- A 焦糖威尼斯
- B 馬卡龍
- C 糖片
- D 檸檬塔
- E 鮮奶油
- F 榛果修可拉

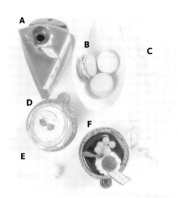

白色淺凹盤 | 購自泰國

內圓外方的的白盤，中間淺淺的凹陷固定糖架也能讓視線聚焦。整體盤面大能夠支撐三個蛋糕體以及挑高的拉糖。

步驟

1

在盤內左上角，用噴射打火機燒融固定3片較厚的糖片作為支架，然後在上面架一片平的糖片。

2

同步驟 **1** 的方式，在糖架右邊再做一個更高一些的糖架。

3

接著將數片螺旋捲曲狀的糖片，以直立、包覆等方式，圍著兩個糖架做成小小展示場。同樣以噴射打火機燒融焊接。

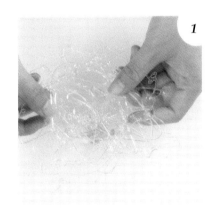

4

將圓形的檸檬塔、榛果修可拉擺在兩個糖架上，焦糖威尼斯的斷面朝前，擺在糖架前的盤面上。

5

將鮮奶油做成擠花袋，從糖片向左下延伸擠一球鮮奶油，再插上兩個馬卡龍裝飾。

Tips 糖架的製作耗費較多時間，需事先製作，此道甜點所使用的糖架是以透明塑膠軟板捲起塑型而成。而最底部搭造糖架的基底時，需要使用較厚的糖片以支撐其他糖架和蛋糕的重量。

S.T.A.Y. STAY & Sweet Tea｜Alexis Bouillet 駐台甜點主廚

獨特品牌食器
展演氣勢華美

主廚雅尼克素負盛名的甜點盛緻，以別緻的特殊食器
達到實用又具氣勢的效果，能充分展示甜點宛如珠寶
的精緻美。基本上只需搭配尺寸相同、色彩和諧的甜
點，便可達到良好展演效果。本次擺盤選用酸甜的萊
姆柚子塔、粉彩色調的馬鞭草蜜桃聖女泡芙、嫣紅搶
眼的大地薔薇，及外觀圓潤的大溪地香草千層派，於
甜點品項、色調與口感展現多變又協調的風格。

器 皿

材 料

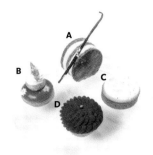

A　大溪地香草千層派

B　馬鞭草蜜桃聖女泡芙

C　萊姆柚子塔

D　大地薔薇

銀色金屬緞帶盤 │ 特別訂做

長達半公尺的銀色金屬緞帶盤，造型特殊，一般食器
只能盛放一種甜點，而甜點盛緞可一次展示三到四
個，分量小，選擇多。為 STAY by Yannick Alléno 展
示甜品的專用食器。

Step by step

步 驟

1

以抹刀將萊姆柚子塔置於甜點盛緞最右
側。

2

以抹刀將馬鞭草蜜桃聖女泡芙置於甜點
盛緞次右側。

3

抹刀將大地薔薇置於甜點盛緞中央。

4

以抹刀將大溪地香草千層派斜置於甜點
盛緞最左側，展示其側面結構。

Plated Dessert

MOUSSE

慕　斯

形象化的組合器皿
晚餐結束後真心誠意雙手獻上的小茶點

1962年，一位英國王子向他的主廚交代，希望能在晚餐八點結束後，讓他的賓客品嚐到帶有清新感的甜點，因而有了著名的小點——After Eight，薄荷巧克力片。以此為發想，轉換為薄荷巧克力慕斯，做成一口食用的小點，通常和茶或咖啡作搭配，所以便使用咖啡豆鋪底，並將情境概念思考化為視覺，將小點置於手模型中，以不同角度的交叉放上巧克力飾片和餅乾棒，使畫面更活潑、拉高視覺，最後再綴上亮色系的薄荷，增加清新感。

器 皿

相框｜購自網路商店　**手模型**｜購自網路商店

特地做成一口大小的茶點，想呈現親手送上禮物的概念，因此將相框作為器皿，把咖啡豆集中起來，木頭框邊有著溫暖的感覺，再放上兩隻手模型托高視覺，予以獨特的視覺饗宴。

■ Ingredients

材 料

A　可可粉
B　薄荷凍
C　抹茶醬
D　巧克力慕斯
E　巧克力飾片
F　咖啡豆
G　餅乾棒

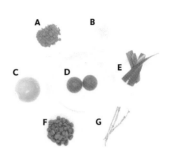

■ Step by step

步 驟

1

盤中鋪滿咖啡豆。

2

將兩個手掌狀的架子插在咖啡豆裡，手心朝內。

3

兩顆巧克力慕斯各放於兩個手掌狀的架子上。

4

在兩顆巧克力慕斯頂端各滴上一點抹茶醬作為黏著，並放上切碎的薄荷凍。

5

於抹茶醬斜放上餅乾棒與巧克力裝飾片，兩者呈交叉狀，一手直立，一手平躺。

顛倒的盤子　顛倒的味覺
走在中介的細膩平衡

口味獨特的黑蒜巧克力慕斯，來自鹹食料理的思考，因發酵過的黑大蒜本身不帶辛辣味而是甜味，再加上過去曾有經廚師將巧克力入菜，結合搭配後以蕃茄為中間媒介。在甜鹹之間不斷轉換下，也翻轉了盤子，以底為面讓盤子有了新視角，中間凹槽置入主體黑蒜巧克力慕斯，擺放成特殊的120度角，來自主廚曾在台灣看過的琉璃的製作過程，像是仔細接合的畫面，予人纖細、屏息之感，綴上金線草和點狀畫盤，是有露珠與小葉子的夏天清晨，輕輕一震大地便會甦醒。

器 皿

材 料

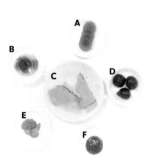

A 番茄果凍
B 番茄果醬
C 黑大蒜巧克力慕斯
D 黑大蒜
E 金線草
F 焦糖醬

網狀玻璃曲線方盤 | 購自上海

呼應此道甜點翻轉味覺體驗,將玻璃盤反過來呈現另一種面貌。利用網狀紋路與弧形讓醬汁與慕斯跟著走動,有著律動感。在選擇將盤子倒過來時,要特別注意不要挑選太過不規則的,避免站不穩、食材易滑動。

步 驟

1

將巧克力慕斯切長條後再對切斜角成梯形。一半置於中間,一半斜擺以 120 度角度接合。

2

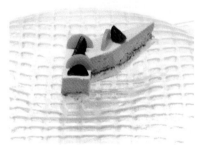

將切片的黑大蒜半圓、以模具切出的番茄果凍半圓,沿著巧克力慕斯形狀,交錯一前一後、或躺或立的擺上三組。

3

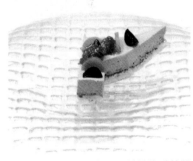

在兩塊巧克力慕斯中間,斜斜將番茄果醬鋪上一條。

4

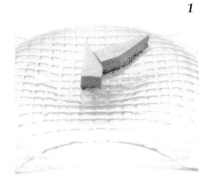

在三組黑大蒜和番茄果凍半圓各插上一株金線草。

5

在巧克力慕斯下緣將焦糖醬以弧形點上。

L'ATELIER de Joël Robuchon à Taipei ｜ 高橋和久 甜點主廚

優雅華麗圓舞曲後
破壞完美的衝突視覺秀

主色為金黃與深棕色的巧克力慕斯襯焦化香蕉及大溪地香草冰淇淋，透過以深棕為底，金黃為飾層層覆蓋與交錯，帶出經典優雅之感。而由大至小的圓形堆疊則像是一場不間斷的圓舞曲派對，從白色深盤、金邊淺碗、巧克力慕斯、大溪地香草冰淇淋和繞圈的巧克力脆片、酥菠蘿、蜂蜜脆片，到最後覆蓋的鏤空巧克力半圓球，設計成有大大小小的洞，除了可以窺見甜點主體外，也能使巧克力成分不至於太重、太甜膩。最後上桌時的乾冰從盤底竄出，雲煙繚繞更添迷濛幻景之感，然後澆淋上熱巧克力醬，化開一個又一個的圓，彷彿一場煙花墜落的視覺秀。

器 皿

材料

A 鏤空半球狀巧克力	**E** 巧克力慕斯	**I** 金箔
B 巧克力脆球	**F** 巧克力脆片	**J** 熱巧克力醬
C 巧克力醬	**G** 香草冰淇淋	**K** 蜂蜜脆片
D 焦糖香蕉	**H** 酥菠蘿	

金邊淺碗｜日本進口　**白色深盤**｜法國進口

將一大一小的金邊淺碗和白色深盤交疊，使白色器皿創造出高低起伏的層次感，並藉由深盤邊的巧克力漆金粉畫盤，與淺碗的金邊和主要為金黃、深棕色的甜點相互呼應。選擇兩個皆有深度的器皿的原因在於，白色深盤的大盤面除了放置淺碗，也能藏置乾冰，而金邊淺碗的弧度則能防止巧克力淋醬外流。

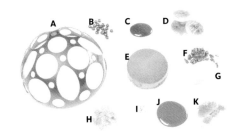

步 驟

1

用寬扁粗毛刷沾巧克力醬在白色深盤的盤緣，畫上由粗到細的線條，再將金粉噴於巧克力醬上裝飾。

2

金邊淺碗放入裝飾過後的白色深盤，並於淺碗中央放入巧克力慕斯。依序將巧克力脆片、巧克力脆球及酥菠蘿有間隔的繞在巧克力慕斯周圍。

3

取三片焦糖香蕉以三角形平擺在巧克力慕斯上。並在香蕉片中間放一點酥菠蘿，用以防止下一步驟的冰淇淋滑動。

4

用湯匙挖香草冰淇淋成橄欖球狀，斜擺在酥菠蘿上方。香草冰淇淋上撒一點蜂蜜脆片，再綴上一片金箔。

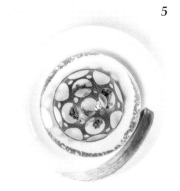

5

將鏤空半球狀巧克力蓋上，於頂端黏一片金箔。

5

要上桌前將白色深盤放上乾冰後加水製造雲煙，再疊上金邊淺碗。上桌後再將熱巧克力倒在鏤空半球狀巧克力上，使其不規則破損。

Tips：焦糖香蕉片的作法，將香蕉切成圓片後撒上糖，再以噴槍烘烤。

金屬鏡面大盤反光聚焦
三色協奏古典歐風

主廚的擺盤哲學,以不超過四色為原則,定調出主色即是定出整體的個性和氛圍。使用歐洲早期常用金屬銀盤,其高反光特性,多重反射熱情的艷紅色,並與沉穩的褐色形成強烈對比,再綴上少許純白色,經典大方的三種色彩協奏出甜、苦、酸交融的滋味,完美詮釋古典歐洲風情。

鹽之華法國餐廳—黎俞君 廚藝總監

器 皿

金屬大銀盤與桌飾 | 歐洲進口

早期歐洲國家在擺放甜點時,常使用大銀盤,因其亮面會反射光澤,使盤上食物看來更鮮豔可口,搭配特殊造型桌飾,可於上菜時搭配蠟燭點光,更添用餐時的浪漫氣氛。

■ Ingredients

材 料

A 星星巧克力片
B 巧克力沙貝
C 玫瑰花瓣
D 馬鞭草
E 覆盆子沙貝
F 蛋白霜
G 草莓
H 金箔
I 覆盆子
J 巧克力慕斯球
K 覆盆子糖片
L 巧克力蛋糕粉

■ Step by step

步 驟

1

湯匙舀巧克力蛋糕粉於盤左下方,約以15度角由上而下、由粗而細撒上。

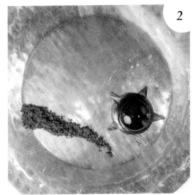

2

於巧克力蛋糕粉線條的尾端,放上一片星星巧克力片墊底,再疊上巧克力慕斯球。

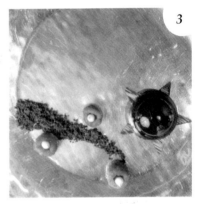

3

於巧克力蛋糕粉線條旁左右交錯放上三顆覆盆子,再將蛋白霜填入覆盆子上方的洞口。

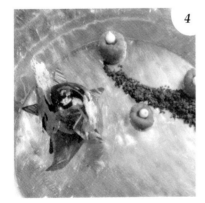

4

將覆盆子糖片沾黏於巧克力慕斯球的後半部,並於頂端綴上金箔。

5

分別挖覆盆子沙貝和巧克力沙貝成橄欖球狀,放在巧克力蛋糕粉線條的兩端,再於覆盆子沙貝表面點綴小顆蛋白霜、馬鞭草。最後在盤右下空白處擺放並排的切片草莓,並放上數片玫瑰花瓣裝飾。

層次繁複而不雜亂的紅白圓舞曲

白色深盤、紅桃醬汁、與白巧克力慕斯形成有層次的同心圓，紅與白的交互輝映也使作為主角的慕斯更為優雅出色。掺鹽的杏仁脆餅碎可中和白巧克力的甜，也是再次加強同心圓效果的鑲飾。宛如玻璃紙般亮澤的透明拉糖則可向上延伸視覺，卻不會搶奪慕斯主體之美。拉糖上的夏堇只需略作點綴，呼應深盤中的紅桃色調，若擺上整朵夏堇，反而會因太過顯眼而轉移擺盤焦點。

● WUnique Pâtisserie 無二烘焙坊 ｜ 吳宗剛 主廚

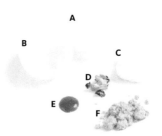

A 拉糖
B 巧克力碗
C 慕斯
D 夏堇
E 紅桃醬
F 杏仁脆餅碎

深圓盤 | 土耳其 Trinice Bone China Pera Bulvari

小巧的圓形深盤，適於盛裝有醬汁、湯汁的餐點，能
簡單集中食材，並彰顯優雅品味。

■ Step by step

步 驟

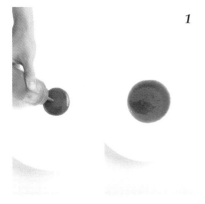

1

於深盤用擠罐擠入紅桃醬汁，再手捧盤
身兩側，以圓圈狀輕輕滾動，使醬汁流
淌均勻成為平滑的大圓。

2

以虹吸瓶 (syphon) 將慕斯擠入巧克力
碗中，再抓取摻鹽的杏仁脆餅碎，沿慕
斯周邊輕輕裹上一圈作為鑲飾。

3

將步驟 2 完成的巧克力碗置於深盤正中
央。

4

捏取薄拉糖，豎立於慕斯頂端。

5

撕取少許夏堇，散置於拉糖略作點綴。

麻布上的春天
對稱構圖與粗糙質地佈出鄉村樸實

將質樸、帶甜味的紫色地瓜泥在方盤對角線上刮成長條，突顯盤面的紋路，讓焦點集中、在色彩上形成強烈的對比，再用杏仁餅乾屑襯起主角之白巧克力慕斯，四周以分子料理手法做成的甜菜根輕雲來點綴，烘托中央同一顏色的草莓冰淇淋，而延伸視覺的巧克力棍則和紫地瓜泥的色彩相呼應。盤中綴有幾簇高級的冰花，顏色輕盈而富綠意，一盤色彩調和而環環相扣，運用對稱構圖佈出地中海的清甜風格。

● 維多麗亞酒店 | Marco Lotito chef

器 皿

材 料

A 甜菜根輕雲　　　E 冰花

B 巧克力棍　　　　F 杏仁餅乾屑

C 白巧克力慕斯　　G 草莓冰淇淋

D 紫地瓜泥

白色麻紋正方盤 | Hola

盤面有著如麻布一般的紋路，再加上淺淺的米色，予
人溫暖、樸實之感，搭配可愛、俏皮的粉、紫、綠色
以及藍白條紋巧克力棍，呼應白巧克力慕斯的方形，
並在質地上相互對比。

步 驟

1

舀一匙紫地瓜醬至正方盤右下角，用三
角刮板往左上方來回刮成醬平均分布的
長條。

2

將杏仁餅乾屑舀至紫地瓜泥長條中央。

3

白巧克力慕斯置於杏仁餅乾屑上。

4

將甜菜根輕雲撕成四小塊，分別置於白
巧克力慕斯的上下左右四周。

5

將四小株冰花分別放在紫地瓜泥的兩端
和甜菜根輕雲之間。

6

挖草莓冰淇淋成球置於白巧克力慕斯
上，再將巧克力棍斜放在冰淇淋上。

大盤打造時尚
自然隨興的莓紅魅力

紅醋栗、珍珠糖片、黑醋栗果醬三種相同色彩的食材，莓紅色搭配白色大盤，加上隨興不造作的畫盤與裝飾，讓整體充滿年輕優雅的時尚感。不同於正紅、酒紅色的經典成熟，而是選用單一主色──莓紅，提升明亮度，視覺顯得更有活力，散發甜美內斂的氣質，再配上珍珠細粒、馬士卡彭鮮奶油和主體白起司慕斯，三者不同大小的白色圓體，清新淡色系被襯得越加白皙。散落的紅醋栗果實、不規則糖片、由粗漸細的黑醋栗果醬線條，直剖中線，自然魅力讓人第一眼就有好感。

● 台北君品酒店 ── 王哲廷 點心房主廚

器 皿

材 料

A　珍珠細粒

B　白起司

C　珍珠糖片

D　黑醋栗果醬

E　紅醋栗

F　馬士卡彭鮮奶油

12 吋大邊平盤｜一般餐具行

12 吋（直徑約 30cm）的大盤，簡單乾淨，可以充分留白營造時尚感，而寬大的盤緣相對盤面小可以聚焦主體，襯托主色明亮甜美的氣質。

■ Step by step
步 驟

1

黑醋栗果醬隨興塗在盤子中間呈數條直線，再利用抹刀前後抹開，做出自然的線條。

2

白起司慕斯放在盤子正中間。

3

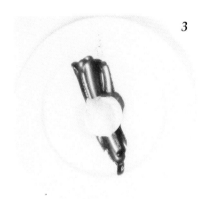

以湯匙挖馬士卡彭鮮奶油成橄欖球狀，斜擺在白起司慕斯上。

4

取一串紅醋栗斜鋪在白起司左下角至碰到盤子，延伸視覺。黑醋栗果醬的上下兩側也隨意擺幾顆紅醋栗果實，作為呼應。

5

珍珠細粒分別撒在黑醋栗果醬上下兩側。

6

取適當大小的珍珠糖片，插在紅醋栗串前及馬士卡彭鮮奶油上面。

● Nakano 甜點沙龍 — 郭雨函 主廚

普普趣味
如積木般的幾何堆疊

普普精神的元素，搶眼色彩如桃紅、蘋果綠、黃色，再加上幾何方、圓和三角線條重複、交錯堆疊而成的活潑氣息。此道甜點將原來大塊的蛋糕解構為方形小塊，以圓形為基底，對比的紅綠雙色蛋糕如積木一般重組，高高低低圓形馬卡龍以及最高頂點放上切成三角狀的草莓，增加立體感。最後以蜷曲的金絲線裝飾延伸視覺，讓整體線條柔美，而綴上的桔梗花瓣則能平衡前方的空缺，呼應萊姆葡萄馬卡龍的色彩。

器皿

材料

A 天使乳酪
B 抹茶慕斯
C 金絲
D 草莓
E 百香果醬
F 覆盆子果醬
G 鮮奶油
H 檸檬馬卡龍
I 萊姆葡萄馬卡龍
J 桔梗

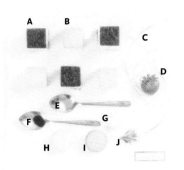

羽毛圓盤 | 泰國 Royal Porcelain MAXADURA

圓與方交錯運用，可創造擺盤豐富度。因食材造型以
方塊為主，顏色對比繽紛，因此選用簡約白淨的圓
盤。

步驟

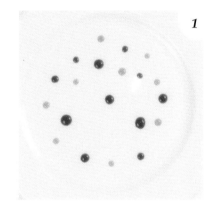

1

將覆盆子果醬、百香果醬或大或小交錯
擠在盤子內。

2

先將抹茶慕斯和天使乳酪切成方形小
塊。兩塊抹茶慕斯及一塊天使乳酪，以
弧狀橫放盤子中間偏上方，再將一塊天
使乳酪，交錯疊放在中間的抹茶慕斯
上。

3

為固定裝飾食材，將鮮奶油以星形花嘴
擠花袋，在三塊蛋糕表面各擠一小球。

4

萊姆葡萄馬卡龍黏在中間的蛋糕上，表
面再擠一小球鮮奶油；檸檬馬卡龍斜靠
在最左側的抹茶慕斯面前。

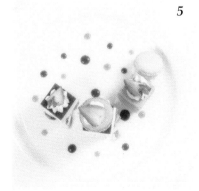

5

草莓帶葉切成四瓣，中間帶白色的部分
朝上，黏在各蛋糕塔上。

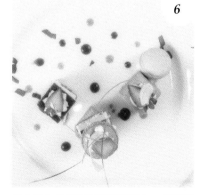

6

蜷曲的金絲線隨興插在慕斯上，拉高視
覺。最後將撕碎的桔梗花瓣一直線輕撒
在盤上。

● 寒舍艾麗酒店 — 林照富 點心房副主廚

奶泡打造夢幻氛圍
浪漫真摯的愛情誓言

情人節的限定甜點——蜂蜜薰衣草慕斯佐香甜玫瑰醬
汁，特別做成粉紅、愛心形狀的蜂蜜薰衣草慕斯，淋上
香甜玫瑰醬汁，以草莓塊向上堆高突顯主體，搭配浪漫
的玫瑰花瓣，再加上牛奶打發的奶泡，營造情人之間粉
紅泡泡般的甜蜜夢幻氛圍，綿延成圈、濃情密意。

器 皿

材 料

A 蜂蜜薰衣草慕斯
B 香甜玫瑰醬汁
C 蜂蜜牛奶鮮奶油醬汁
D 開心果碎粒
E 草莓
F 玫瑰花瓣

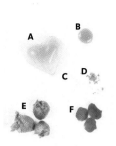

白色圓平盤 │ DELUXE

素雅的白色圓盤簡潔、大方,大盤面能有大量的留白
演繹空間感,而無盤緣的平盤適合畫盤,能清楚展演
甜點的樣貌,予以時尚感。

步 驟

1

將蜂蜜薰衣草慕斯放在篩網上,再將香
甜玫瑰醬汁均勻淋上。

2

將香甜玫瑰醬汁與草莓塊攪拌後,平鋪
於盤中心,大小約比蜂蜜薰衣草慕斯大
上一圈。

3

將蜂蜜薰衣草慕斯放在草莓塊上。

4

湯匙舀蜂蜜牛奶鮮奶油醬汁在蜂蜜薰衣
草慕斯外圈約以三角構圖、順著盤子的
圓弧刮畫上弧形。

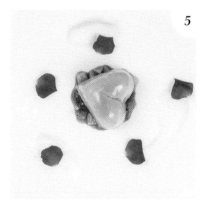

5

沿著蜂蜜牛奶鮮奶油醬汁的圓弧圈,平
均間隔綴上五片玫瑰花瓣。

6

將開心果碎粒鋪滿蜂蜜牛奶鮮奶油醬汁
圓弧線間的空隙。

寧靜奧妙的森林小宇宙

以森林系為主軸發想的甜點擺盤。圓瓷盤優美的鈷藍帶出神
秘卻又令人心神寧靜的氣質，慕斯表面以蛋白餅與咖啡豆、
迷迭香等植物元素加以裝飾，放射狀造型宛如叢林，也呼應
慕斯口味。整體外觀繁複卻難以一眼看透本體，藍、白、綠
的色調則展現森林調的深邃清新，成功詮釋一方掩映有致、
深藏不露的小宇宙。建議器皿挑選不要過大，並以深色為
宜，使慕斯主體成為視覺中心。

WUnique Pâtisserie 無二烘焙坊 ｜ 吳宗剛 主廚

器 皿

材 料

A 蛋白餅
B 咖啡豆
C 迷迭香
D 檸檬咖啡慕斯
E 檸檬皮屑

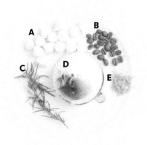

鈷藍圓瓷盤│比利時 Pure Pascale Naessens - Serax

美麗的圓瓷盤，天藍、鈷藍、普魯士藍的漸層紋理令
人驚豔，本身即如搶眼的藝術品，深色的盤緣成不規
則狀，有著手工樸實的沉穩氣息。

Step by step

步 驟

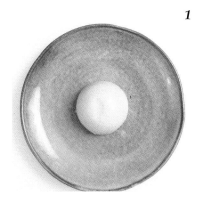

1

以抹刀將檸檬咖啡慕斯盛放於盤面正中
央。

2

於慕斯表面輕輕黏上蛋白餅，直到完全
覆蓋慕斯表面為止。

3

於蛋白餅間黏上咖啡豆，再輕輕插入數
叢迷迭香，使慕斯外觀更豐富無空隙。

4

以刨刀削取適量檸檬皮屑，均勻、自然
地撒於慕斯表面。

Tips：慕斯本身具有黏性，可沾附其他食材，
事前需冷藏。

深色褐盤映照花果艷色
暗叢裡的春日光景

以沉穩、有質感的雙褐色深盤，盛裝草莓為主題的甜點。因食材繁複而零碎，為避免視線分散，將食材聚集在盤中凹槽，彼此緊密穿插、堆疊。草莓蛋白脆餅藏在最底部以味覺呼應主題，Panna Cotta 則填滿凹槽收攏為基座，再以草莓果醬作為黏著劑，上面擺上不規則形的綠色開心果微波海棉蛋糕、黃色蜂巢脆片、各色三色堇，仿造春日光景的色與形，讓艷紅的草莓優格慕斯彷彿從草叢中慢慢探出頭來，創造出生機無限之茂美。

器皿

褐色深盤│宮崎食器 M-Style

大盤緣的雙色深盤，霧面與光面、淺褐與深咖啡色的
接合，沉穩而有質感，深色盤面適合襯托明亮色系的
食材，使紅者亦紅、綠者愈綠、白者更明。將主角放
在盤子的凹槽中，雙色漸層以向下聚焦。

材料

A 草莓蛋白脆餅   D 草莓優格慕斯   G 義式奶凍
B 草莓果醬   E 三色堇等食用花   (Panna Cotta)
C 蜂巢脆片   F 開心果微波海棉蛋糕

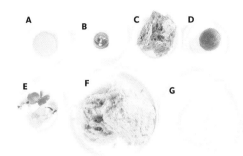

步驟

1

將草莓蛋白脆餅捏碎，放在盤子凹槽中
央。

2

Panna Cotta水平蓋在草莓蛋白脆餅上。

3

用擠罐將草莓果醬在 Panna Cotta 上，
擠成大小不一的水滴狀。

4

撕一些開心果微波海棉蛋糕放在 Panna
Cotta 上。

5

草莓優格慕斯倒立放在開心果微波海棉
蛋糕左邊，兩片蜂糖脆片則搭在開心果
微波海棉蛋糕右邊。

6

用鑷子將各色三色堇均勻地前後左右綴
飾在海棉蛋糕上。

台北君悅酒店 | Julien Perrinet Chef

凡爾賽皇后
紙醉金迷的粉紅圓舞曲

發想自最愛甜食的法國末代皇后瑪麗‧安東尼 (Marie Antoinette) 喜愛
的傳統甜點——野莓寶盒，以及其經典皇冠造型，結合台灣女性最
喜歡的夢幻粉色，以草莓、覆盆子、草莓慕斯、覆盆子海綿蛋糕、
草莓巧克力球等粉紅色系食材，呈現傳統甜點的多層次風味。從盤
緣上的圓點、果凍的圓、巧克力球的圓，到莓果、綿花糖的圓，大
大小小圍繞，穿插色澤閃爍的拉糖，以及精緻皇冠覆上夢幻、易逝
的綿化糖，撒上一片片金箔，將整道甜點推向極盡奢華，一圈一圈
讓人迷失。

器皿

材料

A 金箔
B 拉糖
C 草莓凍
D 覆盆子
E 棉花糖
F 藍莓
G 草莓
H 蛋白餅
I 開心果
J 草莓慕斯
K 草莓巧克力球
L 覆盆子海綿蛋糕

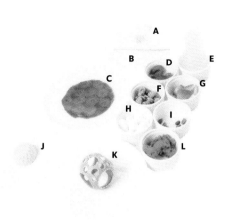

螺紋大圓盤 │ 一般餐具行

螺旋紋帶領視線一圈圈向內聚焦、創造舞動的感覺，搭配綴上主廚在盤緣以圓刷沾食用粉末繪製的紅、綠小圓點，呈現出色彩斑斕的精緻華美。而大盤面也呈現出雍容大器之感。

步驟

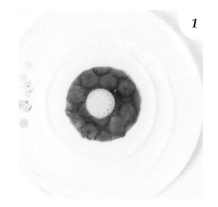

1

將草莓凍置於圓盤中心，再將草莓慕斯置於草莓凍中央。

2

避免破壞花紋、結構繁複且脆弱的巧克力，以竹籤將草莓巧克力球提起置於草莓慕斯上。兩者寬度需設計為相吻合。

3

將五個切成 1/4 角狀的新鮮草莓，平均間隔地立在草莓凍周圍作為定位，然後在每一片草莓片旁依序各放上一顆藍莓、一個切對半的覆盆子。覆盆子切面要朝上。

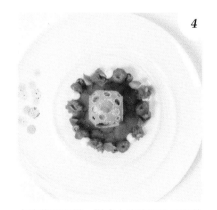

4

水滴狀蛋白餅、撕成小塊的覆盆子海綿蛋糕，依序放在覆盆子旁；切半的開心果點綴在每一小塊覆盆子海綿蛋糕上。

5

三根拉糖以不同角度斜斜、交錯插在草莓巧克力球的孔洞中。注意不要插到最頂端的洞，避免下一步驟的棉花糖不易擺放。

6

長條狀的棉花糖放在草莓巧克力球頂端的孔洞裡，再將金箔小小的、分散地綴飾於其上。

Tips 棉花糖易融化，所以擺盤順序放最後。

黑盤打造時尚感
璀璨繽紛的夜光花園

香甜柔軟的白巧克力慕斯適合搭配微酸的水果相互調和味覺，並以時尚花園為概念發想，採用帶金色雜點的黑盤，大面積長方形有如整片星空，擺上以色彩各異的花果圈，就像將背景的燈光關暗，綻放螢光色彩，打造都市裡的時尚夜花園。

寒舍艾麗酒店 — 林照富 點心房副主廚

器 皿

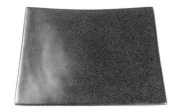

黑色長盤 | 國外進口

帶有金色雜點的黑盤，質地光滑再加上長方形狀，予人時尚、前衛的感覺，適合襯托明亮色系的食材。而其材質與重量厚實，兩側微微翹起，穩重地烘托著繽紛璀璨的花果圈，如同夜空中發光。

材 料

A 開心果
B 紫羅蘭餅乾
C 三色菫
D 草莓
E 巧克力
F 糖煮西米露
G 金箔
H 櫻桃
I 薄荷葉
J 白巧克力慕斯
K 覆盆子

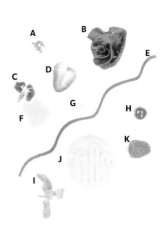

步 驟

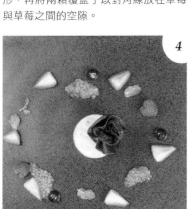

1

將六塊切成 1/4 的草莓平均間隔排成圓形，再將兩顆覆盆子以對角線放在草莓與草莓之間的空隙。

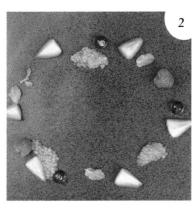

2

將櫻桃、糖煮西米露和薄荷葉平均放在草莓與草莓之間的空隙，排滿成一個圓。

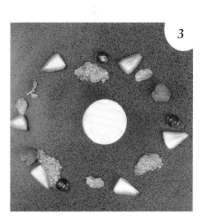

3

將白巧克力慕斯放在盤子中央。

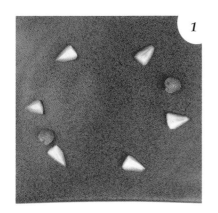

4

慕斯頂端一角放上紫羅蘭餅乾。

5

造型巧克力斜靠著白巧克力慕斯和紫羅蘭餅乾，相交位置點綴金箔，再將些許開心果撒在慕斯上，最後將三色菫綴於薄荷葉上。

● 台北喜來登大飯店安東廳 — 許漢家 主廚

如流星劃破黑夜的明亮衝擊

略帶粗獷質感的炭黑方岩盤,將芒果慕斯與各色水果的明豔色彩襯托得強烈奪目,使人目光難以移轉。甜點環帶以圓柱狀慕斯主體、水果球、長條蛋白霜餅與薄荷葉等甜品營造形色變化,因配料小巧,即使用料繽紛也不至於遮蓋慕斯主體的風采。芒果冰淇淋則呼應慕斯主體,呈現分量感與活潑個性。

器 皿

長方形石板｜一般餐具行

黑長方石板，可帶出芒果、奇異果等果物的鮮麗色澤，也可與食材的圓柱體、圓球體造型做出區隔變化。

Ingredients

材料

A 巧克力土壤　　D 芒果冰淇淋
B 水果丁、球　　E 芒果醬
C 芒果慕斯　　　F 蛋白霜餅

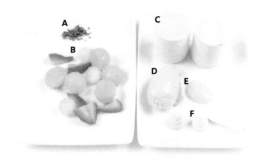

Step by step

步 驟

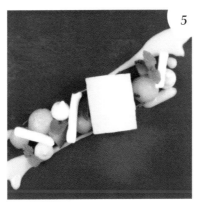
1

以湯匙沾取芒果醬，於盤面一角往對角線拉出前粗後細的直線，再取適當距離，於直線下方平行拉出一道直線，完成兩道如彗星尾巴、具延伸弧度的畫盤。

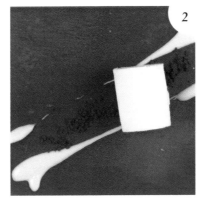
2

於兩條芒果醬畫盤間灑上巧克力土壤，再將芒果慕斯水平擺放。

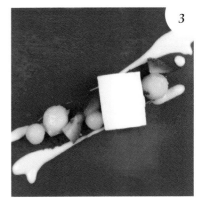
3

以鑷子夾取各色水果丁、水果球，交錯擺滿畫盤間的空隙，形成繽紛的水果帶。

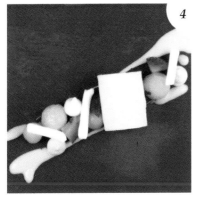
4

將蛋白霜餅與條狀蛋白霜餅交錯放在水果帶上。

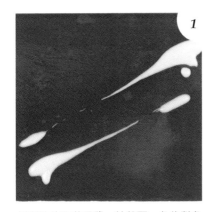
5

於水果帶兩側散置數片薄荷葉。

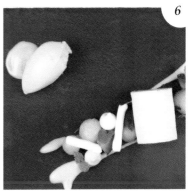
6

於盤面另一角落灑上餅乾粉預作固定，盛放挖成橄欖球狀的芒果冰淇淋並淋上少許芒果醬。

雙色舞動花圈烘托單色球體
快樂的單人舞

白色椰子慕斯與盤子色彩相近,為避免被搶去風采,透過堆高、配件點綴和多層聚焦,以及覆上椰子粉與光滑白盤做出質地上的對比,予以存在感。運用簡單的聚焦法,從圓心向外做一圈畫盤,刮出如蝌蚪狀、粗細不一的線條,營造活潑、跳動的氛圍。白、黃、紫三色相互交錯、圓與圓向內轉動,即是一支快樂的單人舞。

香格里拉台北遠東國際大飯店 — 董錦婷 甜點主廚

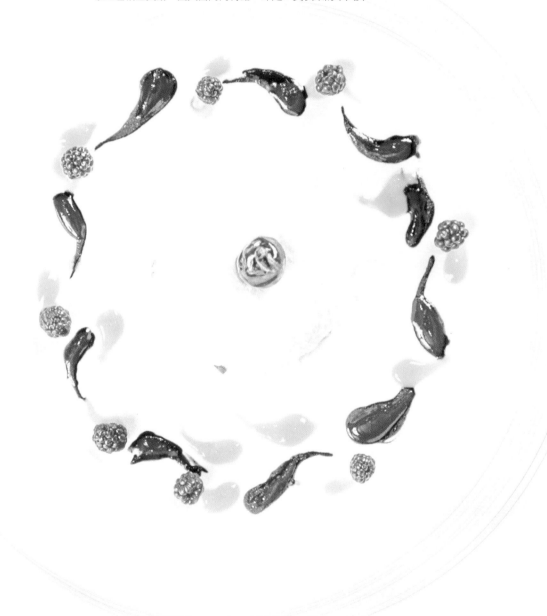

器 皿

淺灰刷紋大圓盤｜日本 Narumi Bone China Meteor

簡單的大圓弧盤時尚大方，盤緣刷上一圈由粗到細的
淺灰色線條，簡單為大面積的白色增添畫面的豐富與
速度感，讓視覺沿著線條滑動聚焦至中心。又因盤子
上已有線條，畫盤便以簡單雙色呈現，避免造成雜
亂。

材 料

A　鏡面果膠
B　芒果醬
C　杏仁櫻桃香草棒
D　黑醋栗
E　黑醋栗慕斯
F　椰子粉
G　杏仁角 & 粗椰子絲
H　杏仁蛋白餅
I　黑醋栗醬

Step by step

步 驟

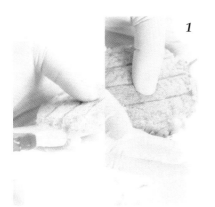

1

把鏡面果膠刷在杏仁蛋白餅周圍，再將
杏仁角跟粗椰子絲黏一圈在杏仁蛋白餅
周圍。

2

用刷子把鏡面果膠刷在黑醋栗慕斯上，
並裹上椰子粉。

3

將杏仁蛋白餅放在盤中央，以卡士達醬
擠在杏仁蛋白餅中央作為黏著劑，再用
抹刀將黑醋栗慕斯放置在杏仁蛋白餅上
方。

4

杏仁櫻桃香草棒插在黑醋栗慕斯中央。
再將芒果醬、黑醋栗醬交錯在慕斯周圍
滴成一圈

5

用湯匙尖將芒果醬、黑醋栗醬一左一右
刮成蝌蚪狀。最後將黑醋栗放在芒果醬
上。

多線共構平衡畫面
沿著波面前進的清新躍動

來自青蘋果的發想，以青蘋果凍為果皮，青蘋果慕斯為果肉，用不
同的口感來表現，塑為圓柱狀而包覆的青蘋果凍呈斜斷面，展現多
層次立體感。以焦糖醬和巧克力醬兩者深色線條為底延伸視覺，與
主體青蘋果慕斯共構出中心焦點，隨著波盤帶出躍動感和節奏感，
再搭配餅乾中和青蘋果的酸味，綴以強烈對比色的靛藍、黃鮮花，
表現出生機盎然的清新氣息。

器皿

材料

A 食用花
B 焦糖醬
C 餅乾塊
D 杏仁果
E 開心果屑
F 青蘋果條
G 巧克力醬

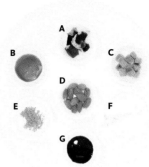

不規則圓盤 | 購自上海

盤面呈現不規則如波浪般的流線弧度，可以透過其本身設計，線條向內聚集的特性，讓視線沿著走向中心，使得其餘裝飾雖分散於盤面卻不顯凌亂。而白色光面質地也賦予甜點清新的氛圍。

步驟

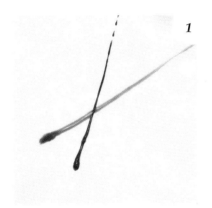

1

用湯匙由粗到細、由左下到右上將焦糖醬與巧克力醬畫出交叉線條，交叉點落在盤子正中央。

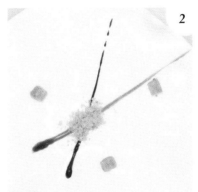

2

焦糖醬與巧克力醬線條的交叉點撒上一些餅乾屑作為固定用，並以此為中心，以三角構圖放上三塊餅乾塊。

3

在餅乾屑由左上到右下放上青蘋果慕斯，在橫放上一根青蘋果條和一顆杏仁果。

4

由左至右橫撒上些許開心果屑和撕碎的食用花。

花朵都為它歡呼
托高、點綴、鑲入配件讓小點為王

主體芒果慕斯球體積小，若要展現亮麗、大器的感覺，便要透過堆高、點綴增加存在感，因此選擇在氣勢十足的大湯盤裡放入芒果奶酪，米色彩度低與白盤相近適合襯高芒果慕斯球，也不會吃掉它的彩度，然後再搭上糖網、綴以薄荷葉，強化其分量、增加亮點。最後在盤緣上以小雛菊的黃為底，呼應芒果的鮮黃，再穿插桃紅、深紫色的三色堇，以及薄荷綠和小巧可愛的紅醋栗，圍成一圈繽紛的花園，聚焦整體視覺，完美地烘托中間的芒果慕斯，讓花朵都為它歡呼。

香格里拉台北遠東國際大飯店—董錦婷 甜點主廚

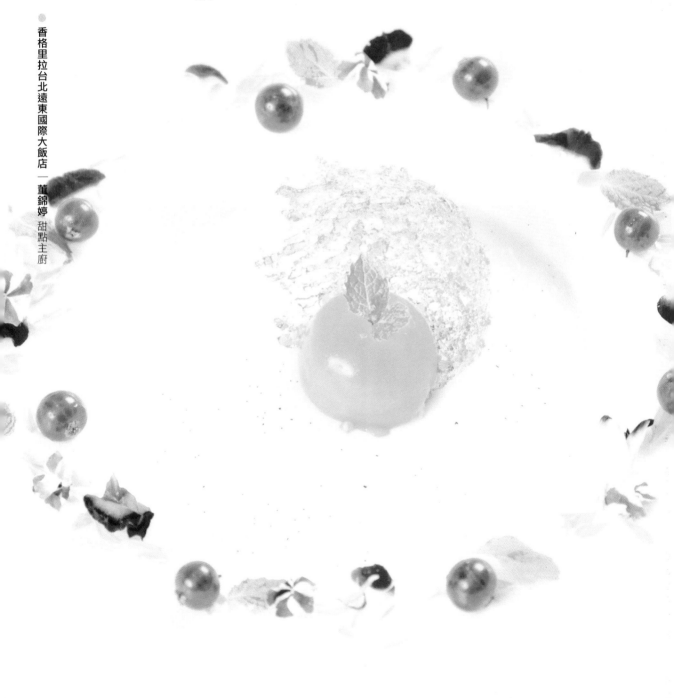

器皿

材料

A 紅醋栗   E 小雛菊

B 糖網   F 朱瑾

C 芒果奶酪   G 薄荷葉

D 芒果慕斯球

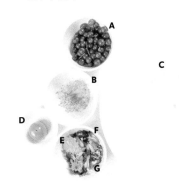

圓湯盤 │ 日本 Fine Bone China Nicco

湯盤的高度高，適合盛裝有湯汁、體積較大的圓形料理，否則則容易被其深度吃掉或者與立體弧線相碰撞。寬大的盤緣與簡潔的弧形，有足夠的空間自由調度，或是畫盤或是留白，可以展現優雅大器的感覺。

步驟

1

用球型匙將已做好的奶酪中間挖一個洞。

2

用刀將芒果慕斯球放入洞中，接著把糖網斜插它後面。在芒果慕斯球中間戳出一個洞為插入薄荷葉。

3

夾兩小瓣薄荷葉插入芒果慕斯球中間。在盤緣抹上一圈葡萄糖漿後，先以鑷子將小雛菊一瓣瓣夾起黏成一圈為底，再依序將兩種顏色的朱瑾和薄荷葉交錯排滿一圈。

4

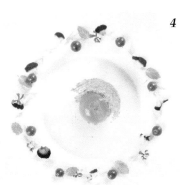

將紅醋栗以相同間隔擺在花圈中。

大方高雅玫瑰花慕斯
獻給母親的美麗節日

母親節限定甜點，以玫瑰荔枝餡畫成玫瑰花造型，象徵母親
對家人無私的付出與關懷，是孩子們心目中最美麗的女人。
整體盤飾緊扣主題，以簡單大方的圓盤，置主體於正中央，
綴以精緻小巧的露水，並運用三角構圖將薄荷葉和寶石般的
紅醋栗圍繞以穩定畫面，淺紅色調與芒果黃底兩者暖色系色
彩，予人溫暖、舒服的視覺感受。

寒舍艾麗酒店 ─ 林照富 點心房副主廚

A 桃紅巧克力粉
B 銀箔
C 鏡面果膠
D 薄荷葉
E 白桃慕斯
F 紅醋栗
G 玫瑰荔枝餡
H 水蜜桃果肉

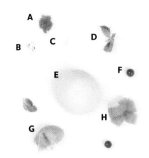

白色大圓盤 | DELUXE

素雅的白色平盤簡潔、大方，大盤面能有大量的留白
演繹空間感，與祝福母親節的高雅氛圍氣質相襯。

Step by step

步驟

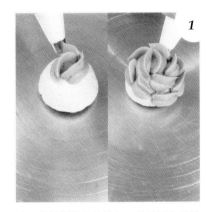

1

將白桃慕斯放在轉檯上，用花瓣花嘴擠
花袋將玫瑰荔枝餡由內而外一圈一圈做
成玫瑰花造型。

2

以手指輕敲篩網均勻於玫瑰荔枝餡撒上
粉紅巧克力粉。

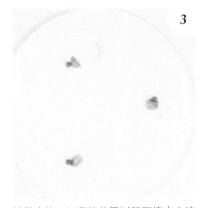

3

於盤中約 1/3 寬的外圈以等距擠出六滴
鏡面果膠。鏡面果膠的圓為基礎，以三
角構圖依序放上薄荷葉和紅醋栗。

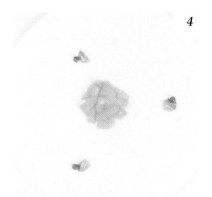

4

將水蜜桃果肉置於盤中心，圓面積約比
白桃慕斯大一圈。

5

用抹刀將步驟 2 完成的玫瑰花白桃慕斯
放在水蜜桃果肉上。

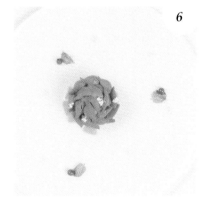

6

於白桃慕斯上點綴數滴鏡面果膠，做出
露珠的效果，再點上銀箔。

Tips 玫瑰花造型慕斯的上色法，一般營業
使用噴槍操作，快速而均勻，此處示範以篩
網灑粉的方式呈現，可做為簡易快速上色的
參考使用，技巧、使用工具皆簡單。

大片留白年輕時尚
恣意隨興的粉紅波浪

甜蜜的粉色是女孩們的最愛,因此結合水蜜桃、水蜜桃慕斯、水蜜桃冰淇淋、覆盆子餅乾屑、覆盆子餅和棉花糖等香甜的粉紅食材與繽紛花草作為主要元素,期望帶給女孩們最大的視覺、味覺喜悅。選用盤緣外翻的圓凹盤,在盤子三分之一處,以粉紅巧克力隨興甩畫成視覺主軸,直至盤緣與粗細不一的線條,破格創造不拘的時尚感,並以此長線加上齊整波浪的棉花糖,左右交錯帶出穩定的律動節奏,跳脫傳統以圓形為主的擺盤方式。

台北君悅酒店 | Julien Perrinet Chef

器 皿

材 料

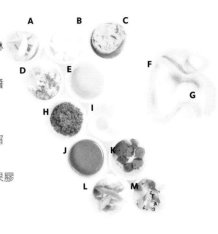

A	水蜜桃片	
B	蛋白餅	
C	水蜜桃冰淇淋	
D	爆米花	
E	粉紅巧克力醬	
F	棉花糖	
G	水蜜桃慕斯	
H	覆盆子餅乾屑	
I	粉紅巧克力	
J	水蜜桃鏡面果膠	
K	覆盆子餅	
L	檸檬草	
M	食用花	

內凹白圓盤 | 泰國 BARALEE

盤緣向外微傾，盤面向內下凹如飛碟狀，起伏的樣子與長條狀的棉花糖和畫盤結合，讓畫面更有律動，而其具些許高度，也能托高主體，使甜點更加立體。

步 驟

1

把粉紅巧克力醬用湯匙隨興甩在盤子三分之一處。棉花糖切成適量長度，小心捏著以波浪狀放在粉紅巧克力醬的線條上。

2

將覆盆子餅乾屑灑在盤中心及棉花糖彎曲處，四片切成角狀的水蜜桃片同樣立在棉花糖彎曲處。

3

將爆米花、蛋白餅和覆盆子餅交錯放在覆盆子餅乾屑上。蛋白餅以倒插的方式擺放。

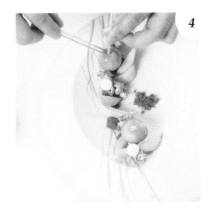

4

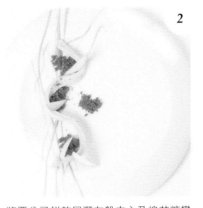

5

6

用竹籤將兩個水蜜桃慕斯浸入水蜜桃鏡面果膠後，置於棉花糖的彎曲處。

將檸檬草和食用花花瓣交錯綴飾在棉花糖及水蜜桃慕斯上。檸檬草放在水蜜桃慕斯頂端可以遮住前一步驟以竹籤插入產生的洞，把小缺點藏起來。

將粉紅巧克力斜插在前面的水蜜桃慕斯後，並將水蜜桃冰淇淋置於盤中央的覆盆子餅乾屑上。

初夏鳥鳴的清幽
以高低落差帶出層次感與聚焦

芒果、百香果、椰子等口味清爽的新鮮水果做成芒果醬、芒果丁、
百香果醬、杏仁椰子慕斯、椰子棉花糖，並搭上杏仁奶油餅及杏仁
奶油酥餅這兩種口味討喜的小餅乾，精緻小巧。透過層層疊放的擺
盤方式，將主體托至玻璃凹型容器頂端，而擺放在光潔的大白圓盤
中，讓視線沿著傾斜外翻的大盤緣，藉以高低落差呈現不同的視覺
焦點。色彩上以明度高的芒果、百香果，橘黃色彩為主，給人夏天
燦爛的感覺，加上柔軟亮麗的金、粉、紫，帶出優雅。

台北君悅酒店 │ Julien Perrinet Chef

器皿

材料

A 百香果醬
B 芒果丁
C 杏仁椰子慕斯
D 芒果醬
E 檸檬
F 杏仁酥餅
G 杏仁奶油餅
H 椰子棉花糖
I 食用花

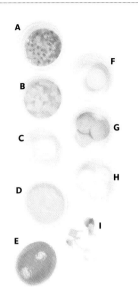

傾斜外翻深盤｜台灣大同 **玻璃凹型容器**｜一般餐具行

盤緣大面積外翻弧度優雅，如女王的立領，而右上角綴事先用黃色食用粉點畫的圓點花紋，與芒果色彩呼應，則像領子上的別針、墜飾。結合玻璃凹型容器，讓視線沿著弧線向下，透明地展露出圓柱狀玻璃下扣住的金環和藍紫色的花，呈現清雅高貴的氣質。

步驟

1

將椰子棉花糖放在盤子左下緣。再用擠花袋將芒果醬擠一個圓到玻璃容器中央凹槽中。

2

輕輕用手將杏仁奶油酥餅按壓在芒果醬上；再擠一些芒果醬在杏仁奶油酥餅上。

3

用木籤插起椰子慕斯置於芒果醬上。

4

芒果丁一顆一顆繞著椰子慕斯旁擺兩層。

5

於芒果丁上淋一些百香果醬。

6

將杏仁酥餅放在椰子慕斯上，再放上椰子棉花糖。最後取一朵完整的食用花，小心翼翼地插在椰子棉花糖正中間。

Plated Dessert
TART PIE
塔 & 派

強烈線條勾勒東方氣息
恬淡色彩染出憂鬱

以大陸畫家常玉的作品為構思，融合法式浪漫與東方人文氣
息，形式簡約而色彩恬淡，通過富強烈性格的線條勾勒出主
題，再堆上細膩的層次與不拘的色塊，化成一張孤傲。因此
以線條畫盤為主軸，Porto 酒醬與巧克力醬一氣呵成，刮出
恣意、多角與蜷曲的長線以聚焦，手剝巧克力片則營造渾然
天成的自然氣息，清清淡淡的蔓越莓粉提亮色彩，法式甜點
巧克力塔便染上一抹憂鬱的質氣。

器 皿

雙色圓盤 | 個人收藏

雙色圓盤，淺褐與米白，呼應巧克力的深褐色及常玉作品中的淺淡色調，大小區塊接合隱隱帶出色階層次，豐富簡單的盤飾佈局，而淺色也能形成對比、突顯深色主體。

材 料

- **A** 巧克力泡沫
- **B** Porto 酒醬
- **C** 巧克力醬
- **D** 巧克力塔
- **E** 蜂蜜巧克力冰淇淋
- **F** 蛋白餅
- **G** 蔓越莓粉
- **H** 巧克力片

■ Step by step

步 驟

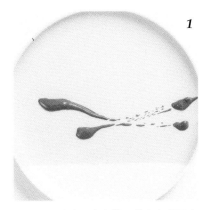

1

用圓頭湯匙沾巧克力醬，橫向在盤子中間刮畫出兩條粗細不一的點狀線條。

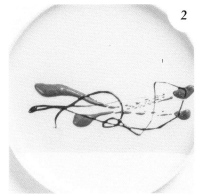

2

以尖湯匙沾 Porto 酒醬，在巧克力醬上以匙尖刮畫出多角、蜷曲而有力量的細線。

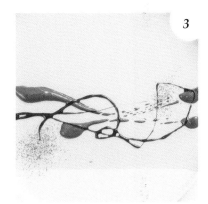

3

在巧克力醬與 Porto 酒醬的線條右上和左下，用輕敲篩網一下撒上蔓越莓粉。

4

於兩畫盤線條的中間偏右上方擺上巧克力塔，並放上或完整或捏碎的蛋白餅。

5

將整片巧克力剝成兩半，分別前低後高斜斜放在巧克力塔上。

6

用湯匙挖蜂蜜巧克力冰淇淋成橄欖球狀，放在巧克力塔左下斜對角的位置，平衡重心。巧克力泡沫淋在冰淇淋上，增加味道與層次，並減緩冰淇淋融化的速度。

黑與金
甜美的流線與破壞

巧克力塔本身造型高雅甜美，卻採用較具衝擊感
的對比手法映襯主體。選用具褐色系圓點水流造
型的圓盤，點出巧克力主題，水流延展的流線感
則為構圖憑添幾分活潑與個性。而盤面上宛如星
芒的巧克力醬刷紋，可使整體風格更具強烈有力
的破壞感。最後，交錯擺放的透明糖片則又回歸
了巧克力塔本身的甜美，同時豐富了視覺立體度
與口感。

WUnique Pâtisserie 無二烘焙坊 ｜ 吳宗剛 主廚

器 皿

材 料

A 糖片
B 榛果餅乾粉
C 巧克力塔
D 巧克力醬
E 金箔

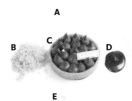

水滴紋圓盤 | 法國 Legle - Procelaine de Limoges - France

素淨的圓盤兩側錯落的褐色系圓點,匯集如水流,單
看則如飛濺的水滴,予人簡潔中蘊含動態的個性美。

步 驟

1

以刷子沾取巧克力醬,以盤面角落某一
點為圓心,輕刷六筆畫盤。巧克力刷紋
一來可固定即將放置的巧克力塔,二來
可延伸盤面視覺。

2

於巧克力醬圓心空白處擺上巧克力塔。

3

折取糖片插於巧克力塔表層的水滴狀巧
克力餡之間,一前一後以不同角度交錯
擺放。

4

以刀尖於糖片點上金箔。

Tips:1. 巧克力醬不能太稀,否則畫盤會缺
乏線條感,建議製作溫度控制在 35-40 度間
為宜。2. 注意糖片的大小比例、前後高低,
糖片的甜脆口感及透明色澤可與巧克力對比。

拆解小塔自然散落
園藝師的栽種樂趣

將整塊百香果生巧克力塔分切為四塊，使用如長條盆栽造型的白色長方平盤，蛋糕粉與巧克力餅乾為土壤，小塔或躺或站角度各異，再插上各色不規則片狀延伸高度：厚片芝麻蛋白霜餅、木紋巧克力片和透明氣泡狀玫瑰糖片，以及小巧的葵花苗和百香果奶油餡，層層堆疊又四處散落，小物件一一組合搭配，以及簡單大地色系，彷彿園藝師初種的植栽，有旺盛生命力的生長姿態。

● Terrier Sweets 小梗甜點咖啡 ｜ Lewis Chef

器 皿

材 料

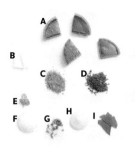

A 百香果生巧克力塔

B 芝麻蛋白霜餅

C 蛋糕粉

D 巧克力餅乾屑

E 葵花苗

F 台 21 紅茶日式冰淇淋

G 玫瑰糖片

H 百香果奶油餡

I 巧克力片

長條白盤 | 台灣大同

簡單俐落的光面長方盤，其滑順圓角沒有盤緣，使創作不受限制，清晰呈現深色食材，並突顯立體感，長盤造型適合派對和宴會等以小點為主的場合，營造簡單、精緻的感覺。

■ Step by step

步 驟

1

用擠花袋將百香果奶油餡擠成一條由粗到細的直線，定出百香果生巧克力塔的擺放位置。

2

切成四塊的百香果生巧克力塔，直躺、角度交錯擺放在百香果奶油餡上。

3

在四塊百香果生巧克力塔之間和邊緣，鋪滿蛋糕粉和巧克力餅乾屑。

4

均勻擠上數球百香果奶油餡，再立插上手剝芝麻蛋白霜餅。

5

以不同角度立插上玫瑰糖片、巧克力片，並綴飾三株葵花苗。再於空白處撒上些許巧克力餅乾屑預作固定。

6

挖台 21 紅茶日式冰淇淋成橄欖球狀置於左側巧克力餅乾屑上，再立插上兩片巧克力片。

方與方的對話
對角線強化視覺焦點

黑醋粟與白巧克力組合成酸酸甜甜的卡西絲巧克力塔，以45度角置於盤中央，與方盤稜角相交錯表現出冷酷的感覺，因此透過黑醋粟白巧克力甘納許疊上黑醋栗、優雅的白巧克柔化剛硬的線條，創造精緻的鏤空效果。再以熱帶暖色的奇異果、芒果、火龍果、蛋白椰子霜餅、薄荷排列，芒果醬收攏貫穿對角線，強化並延伸了卡西絲巧克力塔的視覺焦點。

香格里拉台北遠東國際大飯店 — 董錦婷 甜點主廚

器皿

材料

A	綜合莓果餡	F	薄荷葉
B	蛋白椰子霜餅	G	白巧克力片
C	熱帶風情水果碎	H	金箔
	（火龍果、奇異果、芒果）	I	塔殼
D	黑醋栗白巧克力甘納許	J	芒果醬
E	黑醋栗		

方凹盤 | 日本 Fine Bone China Nicco

簡潔俐落的大方盤，可以充分留白營造時尚感，而其下凹線條明顯有個性，再加上表面潔白光滑，燈光照下便會起聚光效果。

步驟

1

塔殼以菱形狀放在盤子正中央。

2

將莓果醬填入塔殼至 1/3 高。

3

用星形花嘴擠花袋將黑醋栗白巧克力甘納許以九個點狀填滿塔殼。

4

各放一個黑醋栗在周圍八個黑醋栗白巧克力甘納許上。

5

用湯匙將熱帶水果碎沿盤子對角排成一線，再淋上芒果醬。

6

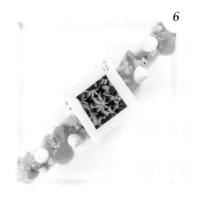

蛋白椰子霜餅和薄荷葉左右交錯放在熱帶水果碎的線條上。白巧克力片蓋在黑醋栗上，並將金箔綴飾在其中一角。

Tips：水果跟醬勿同時放下去，先把水果放好再添醬，果粒才能清楚呈現。

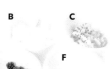

復古普普　方與圓
平行線的優雅邂逅

巧克力在義大利象徵愛，而白巧克力又更加優雅，因此使用帶有漩渦紋路的玻璃方盤，淺綠厚實復古雅緻，一圈一圈牽起長方白巧克力慕斯派和圓形哈蜜瓜冰淇淋，象徵戀人間美妙的相遇。整體構圖，採形式各異的三線平行創造韻律感，淺粉色綜合莓果小圓點，有節奏地分隔兩位主角，彼此眺望著，運用如回憶中的淺色調和重複幾何創造單純美好的老派約會。

維多麗亞酒店　｜　Marco Lotito chef

器 皿

材 料

A 藍苺   E 芝麻餅   I 哈蜜瓜冰淇淋

B 派皮   F 巧克力餅乾屑

C 造型白巧克力片   G 無花果

D 白巧克力慕斯   H 綜合莓果醬

漩渦花紋透明方盤｜購自義大利市集

透明的盤子予人清新的感覺，盤面有大大小小如漣漪的花紋，玻璃帶有淺淡的綠色，有一點厚度的方盤，復古有韻味，呼應此道有清爽哈密瓜和優雅的白巧克力的甜點。

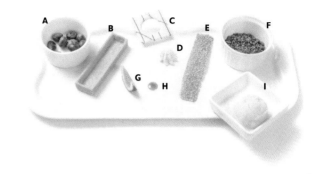

步 驟

1

將派皮以 45 度角斜放於方盤一角。

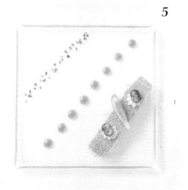

2

將白巧克力慕斯用星形花嘴擠花袋以小弧度擠圈填滿派皮。

3

芝麻餅蓋在白巧克力慕斯上。再用星形花嘴擠花袋將白巧克力慕斯在芝麻餅上擠兩點。

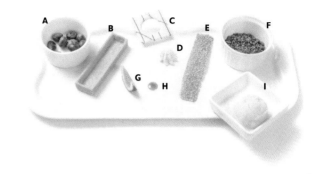

4

將無花果切成角狀斜斜放在芝麻餅中間，兩顆藍苺分別置於兩點白巧克力慕斯上。

5

沿方盤對角線，以醬罐擠上一排平行於派皮的綜合莓果醬圓點。方盤左上方則撒上一排平行於綜合莓果醬的巧克力餅乾屑。

6

將哈蜜瓜冰淇淋挖成球置於巧克力餅乾屑線條的中間，再蓋上造型白巧克力片即成。

Tips：步驟 **3** 點狀擠花的方式，要從稍微高一點的地方開始擠，然後快速往上拉，形狀才會漂亮。

拆解檸檬塔元素
純粹卻深具層次的清亮

擺盤所用的檸檬汁、檸檬果肉、萊姆皮絲與香草雪酪，皆是
這道檸檬塔本身的元素，裝飾時則將這些元素拆解、鋪排至
盤面，既延續甜點本身翻轉的創意，也強化夏日果香清新的
調性。整體色調運用如銘黃、鵝黃、奶白、乃至於閃亮金
箔，皆屬同一色系，清爽怡人，成功示範了活用食材色澤的
不同深淺、亮度，淺色調擺盤亦可有鮮明層次變化。

S.T.A.Y. STAY & Sweet Tea｜Alexis Bouillet 駐台甜點主廚

器皿

材料

A 檸檬汁
B 香草雪酪
C 檸檬果肉
D 法式蛋白霜糖漬萊姆皮
E 金箔
F 檸檬塔（檸檬磅蛋糕）

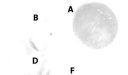

Chinaware 26cm round plate ｜特別訂做

有雅尼克 A 字標誌的圓平盤，簡潔並富高辨識度，為 STAY by Yannick Alléno 專用食器。基本的白色圓盤面積大而有厚度，表面光滑適合當作畫布在上面盡情揮灑，並能有大片留白演繹時尚、空間感，唯須避開 Logo 的部分擺放。

步驟

1

將圓形中空模具置於盤面中央，以湯匙舀放檸檬汁，只需薄薄一層填滿圓形中空模具即可。

2

小心移走圓形中空模具，再以抹刀於檸檬汁兩端擺放半圓形檸檬塔，注意檸檬塔盡量不要擺於同一水平線上，可避免視覺單調。

3

以鑷子夾取適量檸檬果肉裝飾盤面，再夾取萊姆皮絲綴飾塔面。

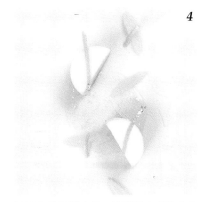

4

以刀尖於萊姆皮絲、檸檬果肉處點上金箔提亮。

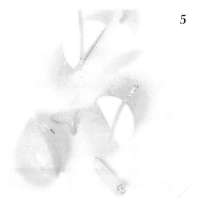

5

於盤面一角灑上少許餅乾末預作固定，再擺上整成橄欖球狀的香草雪酪。

Start Boulangerie 麵包坊｜Joshua Chef

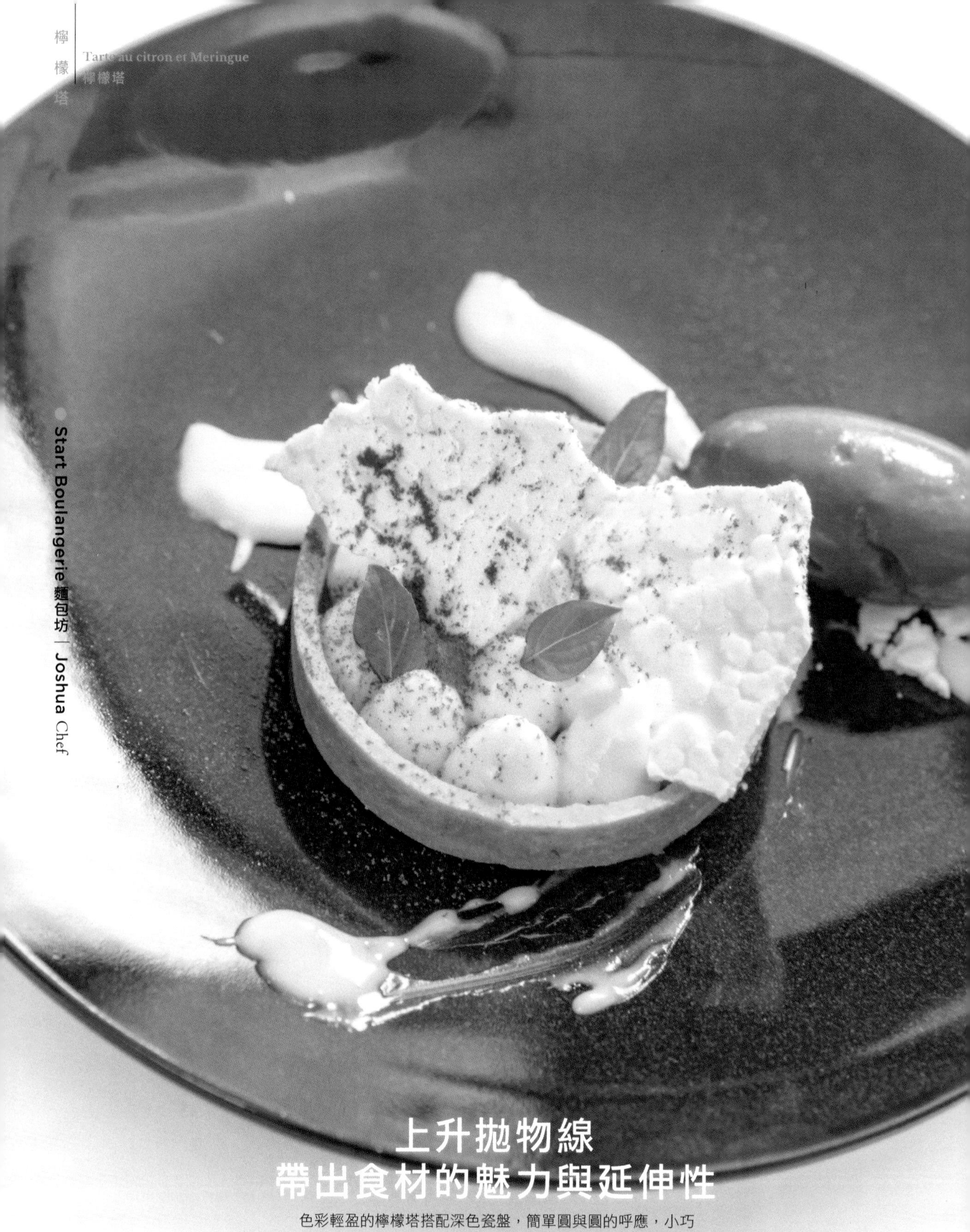

上升拋物線
帶出食材的魅力與延伸性

色彩輕盈的檸檬塔搭配深色瓷盤，簡單圓與圓的呼應，小巧的黑盤襯托出其色彩。檸檬餡畫出兩道拋物線，將視線帶到主體、拉出焦點位置，而檸檬塔中的檸檬餡則以數個水滴狀排滿、向上提拉，再插上兩片不規則狀的蛋白餅與三片薄荷葉，營造如風吹過、輕盈飛昇的動態感。

器皿

黑色褐紋圓盤 | 個人收藏

深色而有光澤的圓盤,中間刻有一塊褐色抽象紋路,
襯托明亮、淺色系的食材。

材料

A 塔殼
B 蛋白餅
C 羅勒葉
D 巧克冰淇淋
E 蔓越莓粉
F 檸檬餡
G 檸檬丁

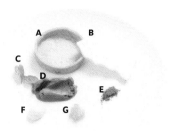

步驟

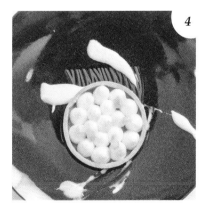

1

將檸檬餡攪拌成液態狀,在盤面畫出兩條交叉曲線。交點定在盤面中間偏右。

2

將檸檬塔皮放檸檬餡線條的交叉點偏左。

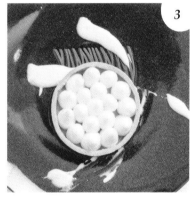

3

用擠花袋將檸檬餡以水滴狀擠滿檸檬塔殼。

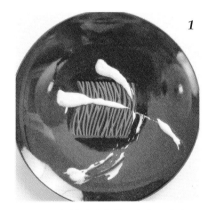

4

用鑷子夾些檸檬丁放在檸檬餡上。

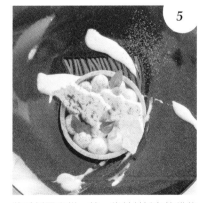

5

將手剝蛋白餅一前一後斜斜插在檸檬餡上,再用篩網分別在蛋白餅和盤面右上角輕撒上蔓越莓粉。羅勒葉以三角構圖放在檸檬塔上。

6

湯匙挖巧克力冰淇淋成橄欖球狀,放在檸檬餡畫盤的交叉點上。

鹽之華法國餐廳 ─ 黎俞君 廚藝總監

半面留白點線交織
恣意隨興的金色樂章

常見的檸檬塔加上歐洲最時髦的雪花蛋,蓬鬆軟嫩的口
感,揉和酸甜甘口的檸檬餡與酥脆塔皮,創造出多層次
享受,而為了強調雪花蛋的細緻白嫩,使用極細的金色
糖絲、灰黑罌粟籽等質地堅硬的食材,與柔軟的雪花蛋
營造強烈的對比效果。整體構圖以對角線為基準,將盤
面一分為二,半面留白,半面以清新的色調、圓點和細
絲交織出恣意隨興的奢華感。

器 皿

鑲邊大圓盤 | LEGLE

大圓白盤鑲上蜷曲的毛筆線條金邊，向內前進集中聚焦，予人恣意奔放的大器奢華感，並能有大面積留白，演繹空間感。

■ Ingredients

材 料

A	塔皮	E	牛奶醬	I	檸檬皮
B	檸檬餡	F	罌粟籽	J	雪花蛋
C	木瓜雪貝	G	糖絲		
D	芒果醬	H	薄荷葉		

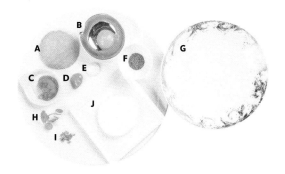

■ Step by step

步 驟

1

將塔皮放置盤中央，再用擠花袋將檸檬餡以繞圈的方式擠滿。

2

用抹刀將雪花蛋疊放在檸檬餡上。

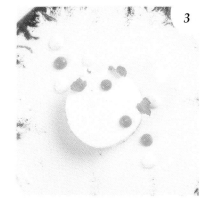

3

用擠醬罐將芒果醬與牛奶醬依序交錯沿著對角線擠，再於雪花蛋黏上數片薄荷葉。

4

以芒果醬與牛奶醬擠成的對角線為基準，將罌粟籽撒在其中半部，含雪花蛋約 1/3 的部分。

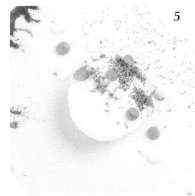

5

在雪花蛋中段 1/3 處刨上檸檬皮，與芒果醬與牛奶醬擠成的對角線平行。

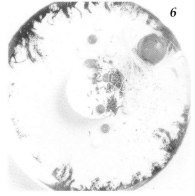

6

於盤面的罌粟籽上放上糖絲以及一球木瓜雪貝。

月夜星空
轉化思緒與情景的視覺味覺

心酸是這道甜點的名字，由檸檬塔構成，酸酸甜甜。主廚說，年輕時在廚房每天工作到半夜一兩點，當時又一個人在國外，而這份工作的心酸、疲倦和勞累，讓他曾思考是不是一輩子會這樣度過，每當下班走到街上已是一片黑，抬頭看看一輪月還有整片星空，都安慰他陪伴他。七八年前的念頭一直想創作成的這道甜點，想獻給辛苦工作的人們，記得初衷，靜待未來在味蕾裡發酵成甘美。

器皿

圓岩盤 | 購自陶雅

以圓形岩盤為底，放上新月狀的塔皮，並綴以銀粉，畫出宛如夜空的想像，與鮮豔明亮的色彩強烈對比，彼此襯托輝映。

■ Ingredients
材料

A　銀粉
B　糖粉
C　檸檬奶油餡
D　布列塔尼塔皮
E　薄荷冰淇淋
F　葵花苗
G　海鹽鮮奶油
H　芝麻橄欖油微波蛋糕
I　夏堇
J　繁星
K　杏仁薄餅

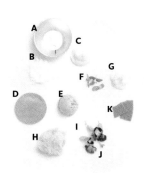

■ Step by step
步驟

1

將新月狀的布列塔尼塔皮撒上糖粉後的放置盤中。

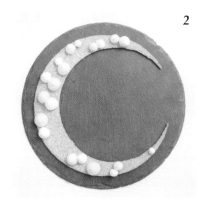

2

用擠花袋依序將檸檬奶油餡和海鹽鮮奶油以大大小小的水滴狀，交錯擠在布列塔尼塔皮上，並在左下預留一處空白給薄荷冰淇淋。

3

於檸檬奶油餡和海鹽鮮奶油上，交錯點綴繁星、夏堇與葵花苗。

4

於檸檬奶油餡和海鹽鮮奶油立插上手剝杏仁薄餅，並於其之間的空隙置入幾塊手撕芝麻橄欖油微波蛋糕。

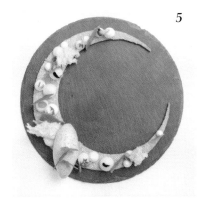

5

挖薄荷冰淇淋成橄欖球狀置於塔皮上的預留空位，再交錯插上三片手剝杏仁薄餅。

6

毛刷沾銀粉並以手指輕碰撒在盤中空白處，創造如星空的效果。

圓點、方塊、旋紋
交互譜出的酸甜變奏曲

這道擺盤以清新、俏皮為主要訴求，一方面以長方形盤面呼應檸檬塔的形狀，另一方面則以鵝黃、碧綠圓點帶出活潑可愛的氣息。綠色的蘿勒果膠與黃色的黃檸檬果膠，也與檸檬塔的口味很相配。只點滿一半盤面，也是增加趣味衝突感的表現。豎直的蛋白片除了延伸盤面視覺，其潔白脆硬的質感既與檸檬塔內餡有別，同時又與方盤輝映。整體感清新酸甜，於有相似元素的食材中寓有層次變化。

WUnique Pâtisserie 無二烘焙坊 ｜ 吳宗剛 主廚

器皿

材料

A 檸檬蘿勒醬
B 蛋白霜片
C 黃檸檬果膠
D 羅勒果膠

長方白盤 |
法國 Legle - Procelaine de Limoges - France

樣式經典的方盤，素淨長方外觀與檸檬塔相呼應，也能襯托想營造的輕盈調性。長方形的盤面適合盛裝小點，予人簡單愉悅之感。

■ Step by step

步驟

1

擠上一點葡萄糖漿預作固定，再於方盤正中央以抹刀盛放檸檬塔。

2

於塔身用擠花袋將檸檬蘿勒醬的每處旋紋中央輕點一滴蘿勒果膠，增加視覺豐富性。

3

於檸檬塔表面插上兩片蛋白霜片，擺放時盡量不要平行，使線條向上立體延伸。

4

於盤面交錯點上蘿勒果膠、黃檸檬果膠。只點滿一半盤面，與留白的另一邊對照，增加視覺趣味。

Tips 製作檸檬塔上旋紋使用的擠花袋花嘴為聖多諾花嘴。

大量留白　繁複與簡潔對比
襯出孤傲綻開的玫瑰

此道盤飾以大量留白為整體構圖，讓視覺停留在單邊。
富有力道的畫盤線條，深褐色 Mirto 酒醬蜷曲、岔出如
莖刺，放上有著繁複層次、一大一小玫瑰花般的蘋果
塔，野莓醬為露水，靠上宛如一片純淨葉片的白色香草
冰淇淋。整體以漸層的大地色系和自然筆觸畫出一支孤
傲的玫瑰。

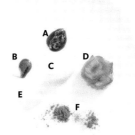

A　野莓醬

B　Mirto 酒醬

C　香草冰淇淋

D　玫瑰蘋果塔

E　烤布蕾醬

F　蔓越莓粉

白色淺瓷盤 │ 一般餐具行

基本的白色圓盤面積大而小有弧度，表面光滑適合當作畫布在上面盡情揮灑，展現畫盤筆觸，並能有大片留白演繹時尚、空間感。

■ Step by step

步 驟

1

用湯匙將烤布蕾醬，在盤面中間由上至下刮畫出一道弧形。

2

將兩個做成玫瑰花狀的蘋果塔，放在烤布蕾醬線條的下方和右側。較大的蘋果塔放在細線旁，較小的則放在粗線條旁，平衡畫面。

3

以擠花袋將 Mirto 酒醬，在烤布蕾醬線條上繞出曲線。

4

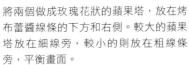

用篩網在蘋果塔上撒上蔓越莓粉，增添微酸的味道。

5

在蘋果塔花瓣邊緣淋上些許野莓醬。

6

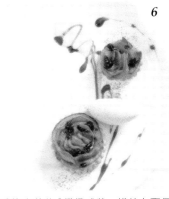

挖香草冰淇淋成橄欖球狀，橫放在兩個蘋果塔之間。

運用乾燥食材質感
創造淺淡秋氛

時節進入秋季，各品種的蘋果紛紛登場，為呈現
此甜點的季節感，運用低溫烤焙後的乾燥蘋果片
與粉紫食用花朵，自然交疊散落於蘋果塔外緣半
圈，隱隱露出主體，帶出如秋日的乾姜，糖粉如
霜，色調淺淡舒服，蜷曲的線條與盤面金邊相呼
應，創造出秋天的氛圍。

鹽之華法國餐廳 — 黎俞君 廚藝總監

器 皿

金邊淺碗 | LEGLE

碗的弧度則能防止冰淇淋融化溢出，而其蜷曲向內的
金色線條折射出亮光，搭配乾燥蘋果片的綠與焦糖醬
的淺褐色等淺淡的大地色系，營造低調內斂的金色秋
意。

材 料

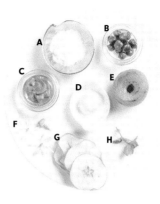

A 糖粉
B 焦糖榛果
C 焦糖醬
D 香草冰淇淋
E 蘋果塔
F 食用花
G 乾燥蘋果片
H 薄荷葉

步 驟

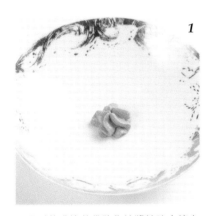

1

用星形花嘴擠花袋將焦糖醬於碗中擠上
一球。

2

將蘋果塔疊放在焦糖醬上。

3

蘋果塔表面撒上撕碎的薄荷葉，周圍隨
興放上數顆焦糖榛果。

4

用星形花嘴擠花袋將焦糖醬擠一球在蘋
果塔頂端。

5

於蘋果塔半邊交疊數片乾燥蘋果片，再
綴上大朵食用花。

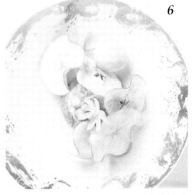

6

用篩網均勻灑上糖粉，再挖一球香草冰
淇淋置於乾燥蘋果片旁。

Tips 薄荷葉撕碎後香氣會更為明顯，面積
也更小，方便擺盤點綴食材，使用上靈活度
高。

台北君悦酒店 | Julien Perrinet Chef

異中求同同中求異
堆疊出青蘋果的幾何樂園

以法國具代表性的水果——青蘋果作為此道甜點的主要元素，分別衍伸為青蘋果塔、青蘋果凍、青蘋果雪酪，等各種樣貌，再同塑型、切割為大大小小的方形，以及圓形的杏仁酥餅、橄欖球狀的蘋果雪酪，透過高低起伏、大小錯落的幾何堆疊，用基本元素創造出簡單、俐落卻有層次的美感。而整體以大地色系，綠色、米色、褐色，綴以簡單的紅酸模葉，營造出青蘋果清甜、質樸的純真形象。

器 皿

材 料

A 青蘋果塔
B 青蘋果
C 金箔
D 法芙娜杜絲巧克力
E 杏仁酥餅
F 紅酸模葉
G 杏仁酥餅碎
H 青蘋果雪酪
I 青蘋果凍
J 杏仁奶油方餅

白色方盤 | 日本 Narumi

白色方盤，盤面光潔、盤緣大，可以大面積留白有如雙方形交疊，以此和裁切、塑型為正方形的青蘋果系列甜點相呼應，層層相疊的幾何美學，創造輕盈俐落形象。

步 驟

1

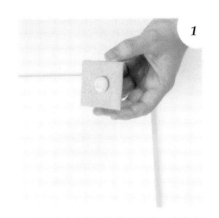

用擠花袋將法芙娜杜絲巧克力，在杏仁奶油方餅中央擠一個點，為固定黏著杏仁奶油方餅。

2

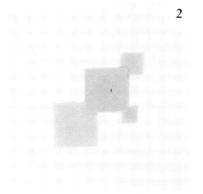

杏仁奶油方餅黏在盤子的中間偏右上角。青蘋果塔切成大中小三塊後分別再切出方角，分別與杏仁奶油方餅結合。

3

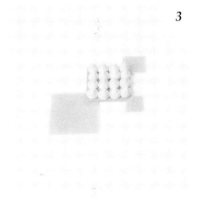

將法芙娜杜絲巧克力用擠花袋以水滴狀整齊地擠滿方餅。

4

依序在法芙娜杜絲巧克力蓋上另一片杏仁奶油方餅和蘋果凍，並將三個切成角形的青蘋果片交叉疊在蘋果凍左側，切面朝前。

5

三片圓形杏仁酥餅斜插在青蘋果片的上中下三側，並放置三片紅酸模葉在青蘋果上。

6

將杏仁酥餅碎灑在最大的蘋果凍的左下角為固定蘋果雪酪。放上挖成橄欖球狀的青蘋果雪酪延伸視覺，再綴上金箔。

Tips 若擔心杏仁酥餅倒下，可擠些法芙娜巧克力在餅乾後面作為支撐。

亞都麗緻麗緻坊 蔡益洲 主廚

蜜漬蘋果海
方形黑盤框出風景浮世繪

阿爾薩斯蘋果塔是法國東部阿爾薩斯 (Alsace) 的傳統甜點，
切成單片後為強調原來整塊塔中心蘋果片交疊的特色，以此
為發想衍生出如疊高的海浪，烘烤邊緣創造鮮明的層次感，
與之相呼應的則是淺褐紅色的肉桂糖，鋪滿盤面有如映上斜
陽的沙灘，並透過自然流瀉的香草醬與冰淇淋，提供品嚐時
多元搭配與風味變化的樂趣，最後再以薄荷葉與曲線拉糖
延伸視覺高度、綴亮色彩。而整體有如日本浮世繪的呈現手
法，以方形黑盤襯出強烈對比的色彩、層層鋪蓋堆疊、明確
的雕刻輪廓、大量色塊填滿，造就富東方色彩的西式甜點風
景畫。

黑色長方盤 | 泰國進口

不同於常見的白盤，此道甜點選用簡單的長方形黑盤，打造出別有一番風味的海邊景緻，襯托色彩明亮、暖調的食材，並刻畫出細緻的輪廓線條，如畫一般。而其窄窄的盤緣像是畫框，鑲入一幅美景，又能防止醬汁和化開的冰淇淋流出。

A 薄荷葉
B 香草醬
C 阿爾薩斯蘋果塔
D 蜜漬蘋果片
E 肉桂糖
F 拉糖
G 香草冰淇淋

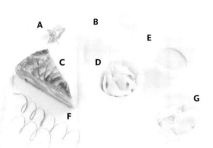

1

將切成扇形的蜜漬蘋果片，擺在盤內右下角，一層一層由大至小疊成波浪狀。

2

利用噴槍的火焰燒蜜漬蘋果片的邊緣，讓波浪線條更加明顯，並引出蘋果的香氣。

3

以手捏灑肉桂糖，均勻灑在盤內及蜜漬蘋果片上。

4

取單片阿爾薩斯蘋果塔以 45 度斜擺在盤子中間，蘋果塔的尖端朝下。

5

用湯匙舀香草醬，淋在蘋果塔的左下角，並使醬自然流下。

6

香草冰淇淋以湯匙挖成橄欖球狀，斜擺在蘋果塔及蘋果片之間，再將拉糖、薄荷葉裝飾在冰淇淋上。

Tips 新鮮蘋果去籽切成薄片，用糖水煮過，就能保持果肉的色澤防止變黑。

乾濕分離　一高一低
寓圓於方的幾何知性設計

不同一般將主體放在盤面的擺放方式，此道楓糖蘋果派將蘋果派置於盤緣，並呼應盤面外形分切成長條狀，也更易拿取、優雅入口，又酥脆的千層派皮最擔心因水分、醬汁的沾染而軟化，因此選擇異材質拼接、具高低落差的盤子，將蘋果派與醬料分家，使其保有酥脆口感，同時可自行動手沾取醬料食用，依個人口味調整甜度。整體以方和圓為主結構，幾何交錯、色調沉穩，創造高低錯落、富設計感的知性甜點。

● 德朗餐廳 ─ 李俊儀 甜點副主廚

器 皿

材 料

A　蘋果派

B　楓糖香堤

C　楓糖醬

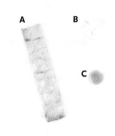

內圓外方黑盤 │ 購自 M-style

具有深度的黑盤，方形盤緣為霧面，圓形盤面為亮面，兩者異材質、造型的接合，並具有高低差能巧妙分隔乾濕食材，設計感十足創造雙情境。深色盤面適合襯托明亮色系的食材。

Step by step

步 驟

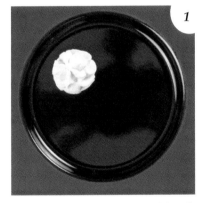

1

用星形花嘴擠花袋將楓糖香堤於盤內左上方擠上一球。

2

於楓糖香堤正下方，以湯匙舀楓糖醬使其自然流瀉成圓形，大小約與楓糖香堤相同。

3

將切成長條狀的蘋果派放在盤面與盤緣的交界處，並與盤緣平行。

Tips︱使用星形花嘴擠花袋時，若要畫成立體的花狀，要以繞圈的方式擠，最後快速揮向側邊收尾。此處為向上繞兩圈成型。

● WUnique Pâtisserie 無二烘焙坊 ｜ 吳宗剛 主廚

一葉知秋
洗鍊而品嘗不盡的豐美

此道盤飾以代表成熟豐收卻又略帶蕭瑟的秋季為靈感，蜜褐色的蘋果塔本身即為有著沉郁甜美韻味的果實，手燒葉片陶盤與造型古雅的枯枝湯匙，畫龍點睛烘托出宛如秋季大地的意態。藤蔓狀拉糖則選用摻帶綠色的褐色，搭配蘋果塔與陶盤的穩重色調，並營造向上延伸的立體視覺，而刻意翻轉黏貼 Logo 紙牌，則巧妙呼應「翻轉」蘋果塔之名。整體畫面精緻富有雅趣，完滿詮釋秋日熟成芳馥的氣息。

器皿

藝術家手工陶盤 | 特別訂做

手工拓印自然界的真實葉片，再入窯燒製而成的陶盤。每片陶盤的形態、色澤都封存獨一無二的樹葉生命。

材料

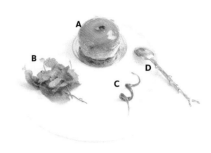

A 翻轉蘋果塔
B 薄荷葉
C 拉糖
D 枯枝造型湯匙

步驟

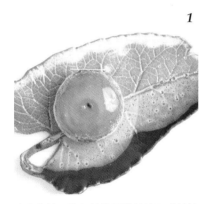

1

將去掉蒂頭的翻轉蘋果塔以抹刀盛放於盤面葉根處。

2

以鑷子小心夾取拉糖，置於蘋果塔的蒂頭處，模擬藤蔓的捲曲並增加向上延展感。

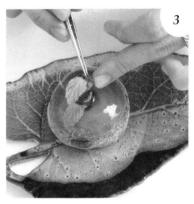

3

夾取薄荷葉，沿著拉糖由下而上黏飾。

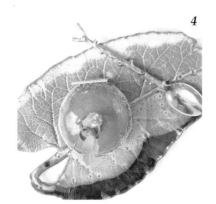

4

於葉尖斜擺上枯枝造型湯匙。

食器改變視覺溫度
熱鍋上的雙重饗宴

反轉蘋果塔源自於法國一對經營餐廳的姊妹，因太過忙碌誤將蘋果先入鍋，只好再覆蓋上本來應該在最底下的派皮，意外創造出的經典甜點。以此為趣味，直接將料理工具作為食器，同時維持焦糖蘋果與塔皮剛出爐的熱度，搭配冰涼爽口的香草冰淇淋一同享用，體驗充滿驚喜的視覺味覺雙重饗宴。

北投老爺酒店 — 陳之穎 集團顧問兼主廚

北投老爺酒店 — 李宜蓉 西點師傅

器 皿

帶把手小鐵鍋 | 購自昆庭

將料理工具直接端上桌，除了創造生活感的用餐氛圍及樂趣，也可維持甜點的溫度，讓視覺及味覺同時擁有溫暖的感受。

Ingredients

材料

A 派皮
B 香草冰淇淋
C 糖粉
D 焦糖蘋果
E 薄荷葉

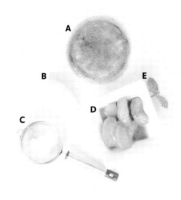

Step by step

步 驟

1

將焦糖蘋果以花瓣狀依序排入小鐵鍋內，再淋上熬煮蘋果的焦糖醬。

2

將派皮覆蓋在焦糖蘋果上。

3

挖香草冰淇淋成橄欖球狀，橫放於派皮中央。

4

薄荷葉綴飾於香草冰淇淋上。

5

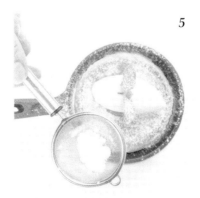

將糖粉輕撒於甜點表面。

Tips 灑糖粉時，若無法以單手控制粉量，可一手固定不動，另一手以指尖輕敲篩網，讓粉量均勻灑落。

將食材塑形
芒果片交疊成真誠的黃玫瑰

把泰國米布丁藏在白圓盤凹槽最下層，蓋上了芒果醬的奶油餅乾，用新鮮芒果片一片片細心疊成玫瑰花形狀，綴上金箔和金磚，讓傳統米布丁搖身一變成為高雅的甜點。透過層層包裹、交疊變為一朵精巧的黃玫瑰，大盤緣與甜點大小的強烈對比，能聚焦出主體，而金箔芒果球以與主體呼應，創造出有著溫暖色調的芒果黃玫瑰。

台北君悅酒店 ｜ Julien Perrinet Chef

器 皿

材 料

A 新鮮芒果片
B 檸檬
C 奶油餅乾
D 金箔芒果球
E 金箔
F 芒果醬
G 米布丁
H 金磚

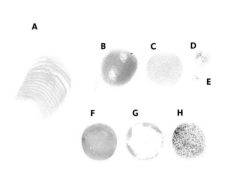

白色深圓盤 │ 台灣大同

具有深度凹槽、大盤面、寬盤緣的白盤，易於集中食材聚焦視線，並能盛裝有高度、易散落的甜點。而此白色深圓盤的平平寬盤緣，適合利用畫盤做變化，為省去畫盤待乾的時間，可在前一天先畫好。簡單、可愛的圓形點點和黃色細線，正好呼應芒果的色調、點綴出黃玫瑰的真誠與纖細。

步 驟

1

用抹刀將金箔芒果球放在盤緣右上方已裝飾上點狀花紋處。

2

在盤中央凹槽中放入圓形中空模具，將米布丁一匙舀至模具中，用湯匙壓米布丁表面整平，取下後便會固定成圓柱狀。

3

將芒果醬以抹刀均勻地抹在奶油餅乾上後，再疊放在米布丁上。

4

用新鮮芒果片，從餅乾中心起，由內而外包裹整個米布丁，一層一層交疊、圍繞出一朵玫瑰花形狀。

5

在芒果玫瑰花上刨一些萊姆皮屑、撒上一些金磚，並用鑷子將金箔點綴在芒果玫瑰花的花瓣邊緣。

Tips │ 製作芒果玫瑰花時，要先將其切成眉形片狀，並可用鑷子輔助、固定使芒果片更容易彎曲。並注意芒果要新鮮且夠成熟，才會有彈性能做造型。 注意米布丁要煮得夠稠才能凝固成型。

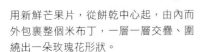

● Le Ruban Pâtisserie 法朋 ｜ 李依錫 主廚

專屬夏天的黃白藍
一幅明麗歡快的風情畫

向夏天致敬的甜美盤飾，藺草紋瓷盤與仲夏芒果塔共同譜出
了白、藍、黃等屬於夏天明度高、對比強的亮麗色調。繼而
以濃郁芒果醬、芒果丁強化甜點本身用料的忠實豐厚，並以
草莓、開心果點綴色彩。帶點自然野性甜美的萬壽菊，則是
特別畫龍點睛的裝飾，細嚼起來略帶百香氣息，也暗暗呼應
芒果塔內含的百香果元素。

器 皿

藺草紋瓷盤 | 丹麥 Royal Copenhagen

繪有藍色藺草紋的白瓷圓盤，風格清新優雅，深具視覺吸引力，適合演繹簡單、造型集中的甜點，避免遮去原有的藺草紋裝飾，建議弧線畫盤盡量靠近芒果塔本體而非與盤沿花紋重疊，可集中視覺畫面。

材 料

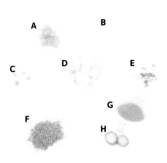

A 芒果丁
B 椰子蛋白餅
C 萬壽菊
D 仲夏芒果塔
E 開心果
F 開心果碎
G 芒果醬
H 切片草莓

步 驟

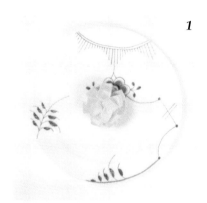

1

以抹刀將仲夏芒果置於盤中央。

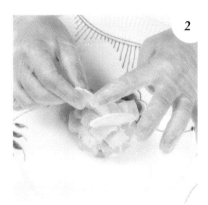

2

因為仲夏芒果塔上的芒果為冰凍的，因此先以刀子刻出凹痕再插上椰子蛋白餅，注意力道適中，避免蛋白餅折斷。

3

湯匙舀取芒果醬，沿仲夏芒果塔輕畫兩道弧線畫盤。

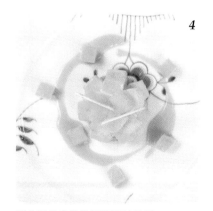

4

沿著弧線畫盤點綴數顆芒果丁。

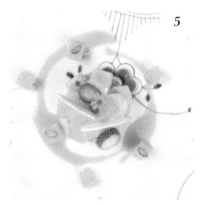

5

於仲夏芒果頂端裝飾兩個切成片的草莓與一朵萬壽菊，並在盤面上以三角構圖在三顆芒果丁上綴開心果。

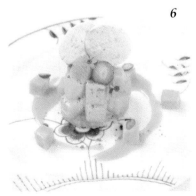

6

撒灑開心果碎於全部食材上。

圈圈圓圓
多圓共構俐落設計感

簡單俐落的肉桂蜜桃布蕾塔，選用同樣簡單卻充滿細節
的橢圓白盤，深淺不一、向外擴展的高盤緣，透過羅紋
予人旋轉、搖擺出多圓的視覺想像，向內聚焦至主體，
而一旁的點狀水蜜桃餡除了暗示布蕾塔的口味，也呼應
整體以圓為主盤飾概念，並平衡了偏長形、非正圓的盤
面，清新明亮的色彩與多圓共構出和諧俐落的畫面。

德朗餐廳 — 李俊儀 甜點副主廚

器 皿

材 料

A 水蜜桃餡
B 白酒漬水蜜桃
C 香草布蕾
D 肉桂塔皮

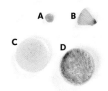

橢圓羅紋白盤 | 購自昆庭

橢圓形白瓷盤，盤緣帶有羅紋能引領視線向內聚焦，
又其高低深淺略偏斜予人打破傳統圓盤的設計感，予
人速度、動態感，而大盤面能有大量留白演繹空間
感。

Step by step

步 驟

1

將肉桂塔皮置於盤面右側。

2

將白酒漬水蜜桃切成扇形，用鑷子將其
夾入疊成圓形至約與塔皮等高。

3

用擠花袋將水蜜桃餡以繞圈的方式擠滿
塔皮，再用匙背抹平。

4

用抹刀將上香草布蕾疊放在水蜜桃餡
上。

5

於香草布蕾表面撒糖後用噴槍烘烤，使
其表面呈焦脆的金黃色。

6

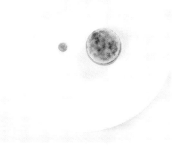

用擠花袋將水蜜桃餡擠一小滴在盤面左
側以平衡畫面。

寒舍艾麗酒店 ── 林照富 點心房副主廚

熱情奔放草莓花綻放
多層堆疊營造立體感

將當季草莓剖半一層一層向上堆疊成花開綻放的樣子，
鮮紅飽滿的色彩熱情洋溢、令人垂涎欲滴，並以綠色強
烈對比點綴、襯托，而鮮明且具速度感的畫盤將視線帶
向前端主角。要特別注意的是，為完美呈現精緻的立體
效果，草莓盡量選擇相同大小，並切成一致的形狀，才
不會忽大忽小或產生空隙。

器 皿

材 料

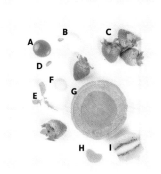

A 草莓醬

B 鮮奶油

C 草莓

D 開心果

E 薄荷葉

F 卡士達

G 塔皮

H 橘子

I 奇異果

正方型白盤 | 購自 DEVA

正方盤面予人安定、平和且有個性的形象，存在感強烈需要特別注意食材與盤子線條的平衡，而其光潔的表面如畫布，能夠完美表現畫盤的紋理和色彩。

步 驟

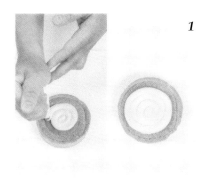

1

將塔皮置於盤中央，並用擠花袋將從卡士達從中心向外繞圈，外圈預留約 1.5 公分以排放草莓。

2

草莓剖半、切面朝外，將卡士達作為黏著劑，從外圈排滿一圈，再接續以同樣的方式排第二圈，最後再平放上兩片圓形草莓片。平躺的草莓圓片為方便步驟 *6* 鮮奶油的擺放。

3

先將塔上的草莓刷上鏡面果膠，再於最外圈草莓接合的縫隙黏上開心果碎粒。

4

舀草莓醬於盤面一角，再用毛刷畫成一條由粗到細、具速度感的弧線。

5

將草莓塔置於草莓醬線條上方，再將兩片切成角狀的奇異果和兩瓣橘子於草莓醬線條下方交疊，並在草莓塔和草莓醬線條兩端綴上開心果。

6

挖鮮奶油成橄欖球狀置於草莓塔頂端，並綴上一小株薄荷葉。

● WUnique Pâtisserie 無二烘焙坊 — 吳宗剛 主廚

率性富於手感的
大地粗獷美

洗鍊無瑕的全黑陶盤，將維多利亞塔的質感與色彩襯托
得更為活潑鮮明。痛快刷上一道充滿手感刷痕的焦糖
醬，配上榛果與鳳梨等維多利亞塔的內在元素，簡簡單
單便帶出陽光爛漫的粗獷土地分量，也使得原本精緻高
雅的維多利亞塔，呈現出南國的熱情，宛如大地之母帶
點原始，帶點豐饒的個性風貌。

器 皿

黑陶盤 | 一般餐具行

光潤的全黑陶盤，搭配深黃、暖褐色調的甜點，能帶
出沉穩又具鮮明個性的氣質。

■ Ingredients

材 料

A　榛果粉

B　香草鳳梨丁

C　維多利亞塔

D　榛果碎

E　焦糖醬

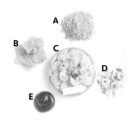

■ Step by step

步 驟

1

先於盤面中上方橫向擠出焦糖醬，再以
較硬的刷具刷出筆直帶狀線條，作為基
礎畫盤。

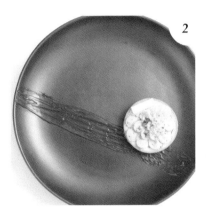
2

以抹刀將維多利亞塔置於焦糖畫盤線條
一側，注意塔身不要完全遮蓋原本的焦
糖線條。

3

抓取榛果碎，沿焦糖畫盤線條隨意灑
上，同樣注意不要遮住焦糖線條。

4

以鑷子夾取數顆鳳梨丁散置於焦糖線
條，略作點綴。

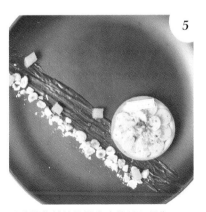
5

最後於焦糖線條撒上少許粉紅胡椒。

刷盤時可選用較硬的毛刷，使線條更
粗獷分明，若刷毛太軟線條則較不明顯。

自製主題盤與重塑食材
創造童趣柑橘疊疊樂

酸酸的檸檬配上甜甜的蛋白霜，向來是法式傳統甜點中的絕配，此道柑橘奏鳴曲將常見的圓形塔重構，透過四種柑橘類食材：檸檬、萊姆、葡萄柚、血橙，同是橘黃色系漸層、交錯出齊整卻有變化的長方形結構，精準切割計算出組合拼裝的長短大小，而這樣整齊的盤飾也是為了因應食用時的味覺感受，此長型甜點劃分為六等分，正好是一口的分量，讓每一口都能吃到全部的元素。最特別的便是灰色階壓克力長盤，使用相框加上自己製作的底圖，創造獨一無二的視覺體驗。

台北君悅酒店 ｜ Julien Perrinet Chef

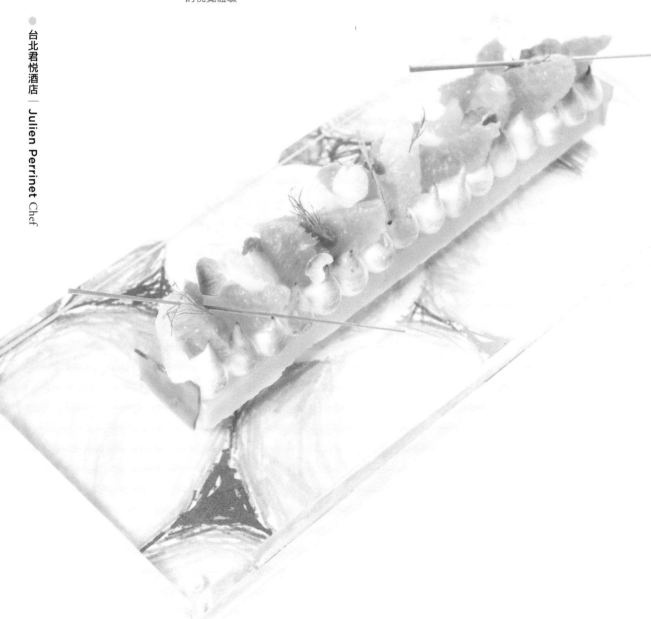

器皿

壓克力相框｜MUJI

將壓克力相框轉變為盤子，插入的圖片是主廚特別找來全是檸檬的滿版照片。以柑橘為主題，修成富插畫感的風格並調整色色調為灰階，降低彩度襯托色彩繽紛的甜點主體。透明的壓克力相框與長方造型，搭配個性十足的照片，創造清新、富有創意、巧妙呼應主題卻不搶走風采的盤子。此載體也能簡單的因應主題、發揮創意用於其他甜點。

材料

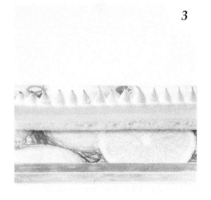

A　拉糖
B　血橙果凍
C　葡萄柚
D　血橙
E　蛋白霜
F　檸檬
G　萊姆
H　血橙果醬
I　茴香葉
J　食用花
K　萊姆凍
L　沙布列餅乾條
M　檸檬條

步驟

1

將沙布列條放在長方盤偏上方，檸檬條放在長方盤中間與沙布列條並排，萊姆凍則置於沙布列條上面。

2

將切成方形的血橙果凍平貼在步驟 *1* 完成的長條左右側。

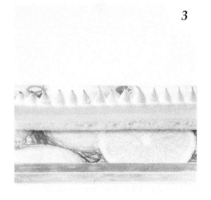

3

用擠花將蛋白霜以水滴狀擠一排在檸檬條上，再以噴射打火機把蛋白霜表面烤薄薄一層上色即可。

4

檸檬、葡萄柚、血橙、萊姆分別切成角狀放在沙布列條上。先將四片葡萄柚等分斜放，檸檬同樣四片與葡萄柚片呈交叉狀，萊姆和血橙再依序交錯填滿空位。然後平均擠上六點血橙果醬。

5

將四小株茴香葉和撕碎的五片藍色食用花花瓣平均綴上。最後將三支拉糖分別前後傾斜交錯成 v 字型。

Tips　1　使用茴香葉前要先把它沾濕，用以清洗、方便黏著。2　以噴射打火機把蛋白霜表面烤薄薄一層除了可以做出色彩層次和不同口感，還能夠使其變硬定型。

灰粉創造知性甜美風
大人感的春天派對

主廚想把甜菜根醬這種很少見但味道獨具的搭配引介給大眾，用馬
士卡彭醬來中和甜菜根的氣味，並將杏仁餅乾做成獨特的馬蹄型，
以覆盆子雪酪完整了圓，讓基本的圓形聚焦法有了變化。而以三角
構圖收攏開心果海綿蛋糕、覆盆子及芝麻草、粉紅巧克力等顏色、
造型各異的食材，讓盤面顯得活潑多樣又不至凌亂。沉穩內斂的鐵
灰色盤面襯托米色、粉紅、淺紅與點草綠，粉色畫盤線條約以黃金
比例做分割，甩至盤緣延伸視覺，整體冷暖色對比調和，創造出隨
興優雅卻暗藏小心機的淑女們的春天派對。

台北君悅酒店｜Julien Perrinet Chef

器皿

霧面鐵灰圓盤 | 購自 IKEA

圓形平盤，沒有盤緣限制，適合創作、畫盤，再加上霧面質感給人時尚俐落的感覺。盤上面有用融化的粉紅巧克力醬甩出的不羈、隨興優雅的線條，冷暖色相互調和，讓沉穩內斂的鐵灰色，多了溫柔浪漫的氣息。畫盤的線條若想要立體、持久些，建議要前一天甩好，並放入冰箱定型。

材料

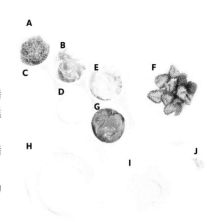

A 覆盆子餅乾屑
B 芝麻葉
C 糖粉
D 香草馬士卡彭醬
E 開心果海綿蛋糕
F 覆盆子
G 甜菜根卡士達醬
H 杏仁餅乾
I 粉紅色白巧克力
J 金箔

步驟

1

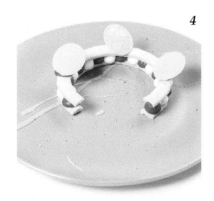

將馬蹄型的杏仁餅乾缺口朝下置於圓盤中間偏右上。

2

用擠花袋將甜菜根卡士達醬在杏仁餅乾上平均間隔擠成一圈水滴狀，並在間隔處擠上香草馬士卡彭醬成水滴狀。

3

將糖粉撒在另一個馬蹄型杏仁餅乾上，撒了糖粉那面朝上，並放在甜菜根卡士達醬和香草馬士卡彭醬上。

4

將甜菜根卡士達醬以三等分方式擠三個水滴狀在杏仁餅乾上。三片粉紅巧克力花紋朝前斜斜黏在甜菜根卡士達醬上。

5

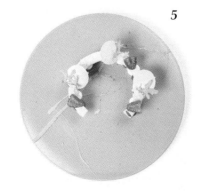

撕小塊的開心果海綿蛋糕、對半切的覆盆子、芝麻草依序放在每一片粉紅巧克力旁。覆盆子記得切口朝上，突顯其紋路。

6

將覆盆子餅乾屑灑在杏仁餅乾缺口處作為固定用，再將覆盆子雪酪以湯匙挖成橄欖球狀置於其上。

● Start Boulangerie 麵包坊｜Joshua Chef

天然素材暖風愜意
夏日沿岸的黑石、泡沫與海草

將傳統義大利甜點玉米塔結合薄餅以及抹茶奶油，創造新的味覺體驗。小巧的深皿適合採用集中堆疊的盤飾手法，聚焦視線、做出立體感。色彩上則使用大自然色調：深褐、青綠與土黃，將玉米塔剖半減少分量，避免在小器皿中顯得沉重，插上似青苔附著的圓形薄餅，淋上巧克力醬、抹茶奶油與巧克力泡，自然隨意的彼此交融，彷彿夏天海邊微風輕拂，舒服且溫暖。

器皿

黑色彩繪深皿 | 個人收藏

不規則狀的邊緣與石頭般的質地，邊緣帶有金色線條、紅色與綠色點點的簡單彩繪，予人樸實、可愛之感，深色帶點光澤則襯托明亮色系的食材。而此器皿本身有深度，將主體放在中間能達到視線聚焦的效果。

材料

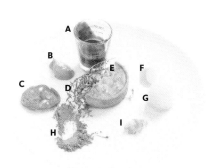

- A 巧克力醬
- B 抹茶奶油
- C 薄餅
- D 百里香葉
- E 玉米塔
- F 百里香焦糖
- G 巧克力泡
- H 綠茶粉
- I 糖漬橘子丁

步驟

1

將玉米塔對切擺在左邊。

2

指尖輕敲篩網讓綠茶粉均勻散佈在薄餅上。

3

將薄餅以 45 度角、有綠茶粉的那面朝前插在玉米塔上。

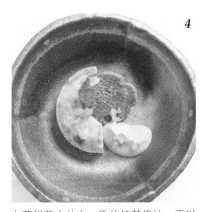

4

在薄餅前方放上一匙的抹茶奶油，再以鑷子夾數個橘子丁至玉米塔前半部與抹茶奶油上。

5

在玉米塔和薄餅上以繞圈方式淋上巧克力醬，外圍以點狀呈現。

6

在在玉米塔前半部和薄餅頂端放上巧克力泡，增加香氣。最後以左上右下的角度綴上一根百里香葉。

巴斯克酥派

Gâteaux Basque
Lime jelly. Apricot & licorice cream
經典巴斯克酥派佐萊姆果凍 &
糖衣甘草馬斯卡彭杏桃球

S.T.A.Y. STAY & Sweet Tea｜Alexis Bouillet 駐台甜點主廚

經典幾何細膩平衡
濃淡交織的法式原味

為了使整體味覺表現和諧，主廚選用清爽的萊姆果凍及杏桃，以搭配口感甜郁的巴斯克酥派。水果的酸可中和酥派的膩，繼而使酥派本身的紮實奶香更為出色。整體構圖同樣也注重視覺的交錯平衡，將酥派、糖衣甘草馬斯卡彭杏桃球錯落有致地擺放，而兩條杏桃醬畫盤各以杏桃瓣、延伸至盤面空白處的萊姆果凍為點綴重點，呈現不對稱的靈活美感。

器 皿

材 料

A 巴斯克酥派
B 杏桃醬
C 萊姆果凍
D 金箔
E 糖片
F 甘草馬斯卡彭奶油
G 杏桃球

Chinaware 26cm round plate │特別訂做

有雅尼克 A 字標誌的圓平盤，簡潔並富高辨識度，為
STAY by Yannick Alléno 專用食器。基本的白色圓盤
面積大而有厚度，表面光滑適合當作畫布在上面盡情
揮灑，並能有大片留白演繹時尚、空間感，唯須避開
Logo 的部分擺放。

步 驟

1

舀取杏桃醬，由下而上揮拉兩條弧線畫
盤。畫盤動作時向內回勾，並使弧線平
行對稱。

2

於杏桃醬弧線上各擺上一顆杏桃球，並
夾取數片切成角狀的杏桃交錯放在外側
的杏桃醬弧線。

3

以鑷子夾取數顆萊姆果凍，放在兩道杏
桃醬外側。

4

以抹刀將酥派角度交錯置於兩條杏桃醬
間。

5

將馬斯卡彭奶油擠入杏桃球，再水平黏
上糖片。

6

以刀尖於杏桃球瓣點上金箔。

簡單卻繽紛的小幸福

這道甜點的首要特色是紅瓷圓盤與蛋白派於色澤、形狀的搭配，食器呼應蛋白派的圓，映襯蛋白派的白，並使整體氣息更活跳明豔。其次，選用水果軟糖、馬卡龍、瑪德蓮蛋糕等色彩、款式多樣的小巧甜點裝飾，使畫面更繽紛，但因大小適中，並不喧賓奪主。以小甜點裝飾時可活用明亮色彩，以及相同食材採水平、立體交錯擺放的兩大原則，使擺盤更富變化。

❋ WUnique Pâtisserie 無二烘焙坊 ｜ 吳宗剛 主廚

器 皿

紅瓷盤 | 義大利 Naomi ceremics

圓盤色澤鮮艷光潤，深色不規則紋路與凹凸不平的表面，既能襯托蛋白派的潔白，也帶出甜點愉悅溫暖的氣息，予人純樸自然之感。

Ingredients

材 料

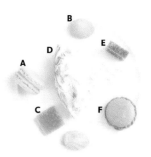

茉莉花馬卡龍

小瑪德蓮蛋糕

百香水果軟糖

蛋白派

覆盆莓水果軟糖

抹茶馬卡龍

Step by step

步 驟

1

以抹刀將蛋白派盛放於圓盤正中央。

2

分別夾取覆盆莓、百香兩顆水果軟糖置於蛋白派表面。

3

分別擺上抹茶與茉莉花兩顆馬卡龍，並與水果軟糖位置交錯。

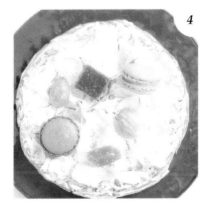

4

擺上小瑪德蓮蛋糕。

　　擺放兩顆水果軟糖的要點為當一顆平放於蛋白派表面時，另一顆便採取豎立擺放，使畫面更活潑立體。擺放馬卡龍與小瑪德蓮蛋糕的要點亦是如此。只要抓住同一要點便可重複運用於不同食材。

對稱錯落　嬌豔欲滴
繁花盛開的美好午後

外型簡單方正的千層派，口感酥脆適合搭配酸甜爽口
的花果，創造多層次口感。並透過多層對稱與整齊堆
疊，創造繁多卻不雜亂的盛開景象，首先以羅勒卡士
達醬將盤面一分為二，再以千層派為底向上堆成丘，
綴以大片嬌豔欲滴的玫瑰花瓣。整體色彩以經典紅綠
搭配，如同盛開的嬌翠百花，豔美而大方。

Terrier Sweets 小梗甜點咖啡 ｜ Lewis Chef

器皿

正方岩盤 | 法國 Revol

玄武岩盤,耐高低溫幅度為 -40~200 度。方形平盤無
盤緣呼應千層派外型,創作空間大,適合以畫盤為主
的盤飾,又其深色盤面能襯托鮮豔色彩,加強對比。

材料

優格覆盆子雪酪

奇異果

櫻桃

藍莓

千層派

羅勒卡士達醬

薄荷葉

覆盆子

玫瑰醬

糖粉

開心果碎粒

玫瑰花瓣

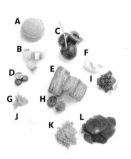

步驟

1

湯匙沾羅勒卡士達醬以對角線刮畫出一
直線,接著於對角線分隔的兩個區塊,
舀上等距對稱的羅勒卡士達醬。

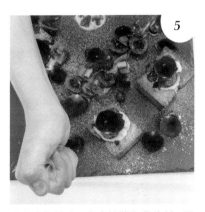

2

將兩塊為一組的千層派,分別包黏住盤
中的三球卡士達醬,並於千層派上再重
疊一球羅勒卡士達醬。

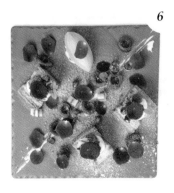

3

在千層派與卡士達醬畫盤上放上數顆剖
半櫻桃,並於邊角空白處放上一整顆的
櫻桃。再於卡士達醬上以剖半藍莓、切
塊奇異果交錯擺放填滿空隙。

4

用篩網將糖粉均勻撒在千層派上,在各
堆上一球玫瑰醬。再將開心果碎粒撒於
盤中心。

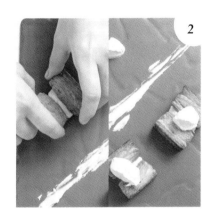

5

將玫瑰花瓣沾取卡士達醬為黏著劑,平
均黏附於食材與盤面上,並花瓣上以針
筒擠上小滴糖漿,模擬為花瓣上的露
珠。再於盤面點綴數片薄荷葉。

6

挖優格覆盆子雪酪成橄欖球狀置於卡士
達醬上,點綴上一片玫瑰花瓣。

　　擺盤時,可將食材底部沾微量羅勒卡
士達醬作為黏著劑,方便固定。

德朗餐廳 — 陳宣達 行政主廚

結構堆疊手法
打造甜點界的非線性建築

運用結構穩固的堆疊的手法，醬料和水果為基底，不
規則狀的牛奶脆片、泡芙皮為曲面，一層一層向上建
造，使薄荷莓果千層富有流動性與立體感，而其兩側
尖端與盤面莓果醬汁和莓果冰沙多向連結成一弧線，
平衡整體畫面。大面積的留白除了能聚焦、帶出簡約
俐落的現代感，也了提供食用者方便分切享用的位置。

器 皿

材 料

薄荷奶油
覆盆子醃水蜜桃
覆盆子
綜合莓果醬
覆盆子醬
草莓
綜合莓果冰沙
防潮糖粉
牛奶脆片
泡芙皮

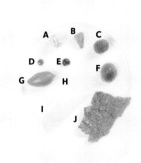

白平盤│日本 Narumi

表面平坦的圓盤能使擺盤不受侷限，突顯千層片多層
次的立體感、帶出時尚感，並能方便分切成小口食
用。

步 驟

1

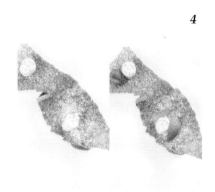

將切成角狀的草莓、剖半的覆盆子和覆
盆子醃水蜜桃以兩組三角構圖為基底，
約以 15 度角擺放在盤面右上角。

2

用擠花袋將薄荷奶油各擠一球於草莓、
覆盆子和覆盆子醃水蜜桃組成的三角形
中間，再用擠罐將覆盆子醬和綜合莓果
醬以點狀、大小不一交錯於莓果之間。

3

取兩片大小不一、已撒上防潮糖粉的泡
芙片，平放於兩組莓果底座上。

4

於兩片泡芙皮中央，各擠上一球薄荷奶
油，再於薄荷奶油旁放上數片草莓、水
蜜桃與覆盆子為第二層基底。

5

取兩片大小不一、略小於泡芙皮大小的
的牛奶脆片平鋪疊於第二層基底上。再
重複一次步驟 **3**、**4**，使用相同技巧向上
堆疊便完成。

6

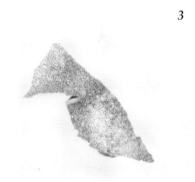

於千層派兩端各綴上一滴覆盆子醬汁，
再於左上角撒上些許千層派碎片預作固
定，最後挖綜合莓果冰沙成橄欖球狀斜
斜疊上。

　　堆疊食材的技巧，基底要夠穩，才足
夠支撐大量的食材，並可使用醬料作為黏著
劑。以此道甜點為例，最下方要鋪上大量的
水果，並以牛奶醬為接著劑。

法國淑女的優雅俏皮風情
寓於方圓

這道法式千層派內餡選用茉莉覆盆子香堤，可說是法國經典與東方茶文化的甜美合璧。擺盤上首先以圓盤、圓點對映千層派的長方體，繼而選用覆盆子粉與黑加侖醬呼應香堤果餡的酸甜韻味。內餡的粉紅、覆盆子粉的桃紅與黑加侖醬的紫紅色調流露女性化的甜美溫柔，而各式大小圓點則強化了繽紛俏皮的氛圍。最後以金箔畫龍點睛，使整體擺盤更高雅有質感。

S.T.A.Y. STAY & Sweet Tea｜Alexis Bouillet 駐台甜點主廚

器皿

材料

千層派皮　　　　茉莉覆盆子香堤
黑加侖醬　　　　金箔
覆盆子醬　　　　覆盆子
糖粉

Chinaware 26cm round plate │ 特別訂做

印有雅尼克 A 字標誌的圓平盤，簡潔並富高辨識度，
為 STAY by Yannick Alléno 專用食器。基本的白色圓
盤面積大而有厚度，表面光滑適合當作畫布在上面盡
情揮灑，並能有大片留白演繹時尚、空間感，唯須避
開 Logo 的部分擺放。

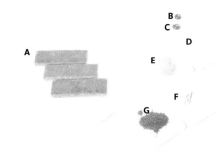

步驟

1

於盤中央擺上圓形中空模具，以指尖輕
彈篩網邊緣，撒上一層薄薄的覆盆子
粉。

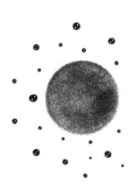

2

避開盤面 Logo，用擠醬罐於盤面擠上
大小不一的黑加侖醬圓點。

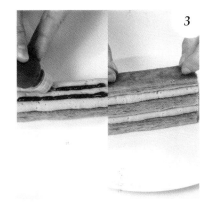

3

準備另一圓盤製作千層派。於千層派皮
頂端擠上三條茉莉覆盆子香堤與覆盆子
果醬，再蓋上一片千層派皮。所有步驟
重複一次，完成有三層派皮、兩層內餡
高度的千層派。

4

將塑膠板以對角方式遮住千層派表面，
再輕灑糖粉，使派皮表面呈現半邊灑上
糖粉、另一半則無的對角造型。

5

於原本盤面上的覆盆子粉中心擠上茉莉
覆盆子香堤預作固定，再以抹刀將千層
派移至盤中，於派皮頂端點上一滴黑加
侖醬。

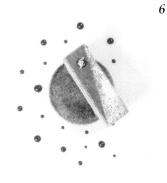

6

再以刀尖點上金箔提亮。

化繁為簡
低調卻餘韻無窮

有別於一般千層派擺盤常見的繁複高貴，這道擺盤則採取較為簡潔、親切的日常風格。全黑長方形石板下緣粗獷的片狀紋理與千層派的外形互為呼應，並活用圓點盤飾，如由大至小的焦糖圓點、宛如戳印的糖粉裝飾，營造註腳般待續、未完的趣味餘韻，使以長方形為基調的盤面更富變化。

WUnique Pâtisserie 無二烘焙坊 — 吳宗剛 主廚

器 皿

材 料

千層派
糖粉
焦糖醬

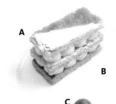

長方石板 │ 一般餐具行

全黑長方石板,方形外觀與略帶片狀層次紋理的邊緣
可與主角千層派互相輝映。

Step by step

步 驟

1

以抹刀於盤面角落擺上千層派本體。

2

於千層派下方由大而小依序擠上六個焦
糖醬圓點。

3

鋪上預先剪好的烘焙紙以隔開大部分盤
面,再於焦糖圓點末端處鋪上壓克力造
型版,以指尖輕彈篩網邊緣撒上糖粉,
做出特殊造型。

灑粉時需注意室內不可有風。

整齊堆疊與厚實深色盤面
營造童話森林趣味

簡單的長方形巧克力千層派本身即有高度，因此採用堆疊方式，整齊的放上四片無花果，綴以左右交錯的手撕羅勒葉片，再透過彎曲的白色蛋白餅延伸高度、點亮視覺。整體色彩以大地色系為原則，選用深色淺弧度的器皿，焦糖醬平行於兩側聚焦主體，樸拙可愛的樣貌，使巧克力千層派就像森林裡的一塊木頭，上頭長著鮮豔可愛的小菌菇，有著童話般的趣味。

器 皿

咖啡色點狀厚圓盤｜個人收藏

為展現森林意象，選擇此咖啡色點狀厚瓷盤，淺淺的
弧度與圓潤的盤緣，帶有大小不一的咖啡色點點，予
人可愛、樸拙的躍動感，而大地色系呼應盤飾概念，
並有效襯托明亮、淺色系的食材。

材 料

無花果
焦糖醬（芒果、百香果）
羅勒葉
巧克力千層派
蛋白餅
Mirto 酒漿
優格冰淇淋

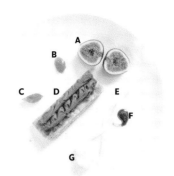

步 驟

1

巧克力千層派橫放在盤子正中央後，在
中間擠上一條 Mirto 酒醬。

2

無花果切成四瓣，斜擺成一直線。

3

羅勒葉撕成小塊，一上一下交錯擺放在
無花果上方。

4

將焦糖醬以湯匙畫盤，上下各刮出一條
橫向的線條。

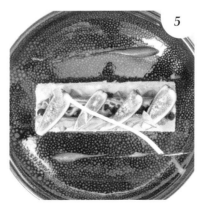

5

左上右下斜放上一條彎曲的蛋白餅。

6

湯匙挖優格冰淇淋成橄欖球狀，直放在
兩個無花果中間，與蛋白餅靠在一起。

破壞、不規則狀、天然花果
交織出春日山頭下的雪景

從破壞開始，將扁平的千層酥撕成不規則狀，重構其形。提拉米蘇醬
塑成橄欖球狀置於碗中央，焦糖千層插滿碗後，宛如一座小山，縫隙
則藏滿了草莓片和藍莓。提拉米蘇醬、千層之甜以及水果之酸，交織
出多層次酸甜口感。翠綠的薄荷葉和萊姆皮、鮮豔的石竹則讓整座山
景突然鮮亮了起來，再灑上白色糖粉，宛如一幅春日山頭下雪美景。

Yellow Lemon | Andrea Bonaffini Chef

器皿

材料

提拉米蘇醬	石竹	草莓片
千層	薄荷葉	萊姆
糖粉	藍莓	

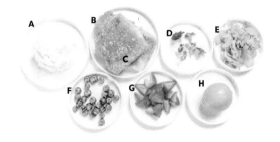

白湯碗 │ 阿拉伯 UAE

立體的湯碗，適合盛裝大分量甜點，以分享為目的使用，因此在擺放時通常以 360 度觀看無正反之分的方式呈現，也因為其高度可固定住食材，彼此支撐不容易散開，營造出豐富感。

步驟

1

用湯匙挖提拉米蘇醬成橄欖球狀置於湯碗中央，作為固定黏著用。

2

將千層撕成片後一片片隨興以放射狀插入碗中，並用碎片把縫隙填滿。

3

用鑷子將大量的藍莓和切成角狀的草莓放入千層片的縫隙中。

4

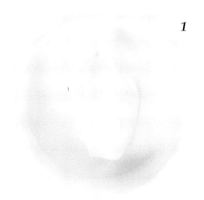

將撕碎的薄荷葉撒在千層上，再刨一些萊姆皮於上。

5

撒一些糖粉在千層上。

6

將石竹撕成碎片，用鑷子均勻夾至千層上。

042 巧克力黑沃土配百香果奶油及覆盆子冰沙／088
金桔馬丁尼杯與香蕉芒果冰沙／106 蘭姆酒漬蛋糕與
綜合野莓及蜂蜜柚子／110 提拉米蘇與咖啡冰淇淋

台北市大安區忠孝東路四段 170 巷 6 弄 22 號
02-2751-0790

Angelo Aglianó Restaurant ｜ **Angelo Aglianó** Chef

144 巧克力慕斯襯焦化香蕉及大溪地香草冰淇淋

台北市信義區松仁路 28 號 5 樓
02-8729-2628

L' ATELIER de Joël Robuchon à Taipei ｜ 高橋和久 甜點主廚

046 小任性／056 融心巧克力／080 白色戀人／090
原味香草／116 原味蛋糕捲—切片／218 仲夏芒果

台北市大安區仁愛路四段 300 巷 20 弄 11 號
02-2700-3501

Le Ruban Pâtisserie 法朋烘焙甜點坊｜李依錫 主廚

068 繽紛春天／140 八點過後／142 黑蒜巧克力慕斯
／170 青蘋果慕斯

上海浦東新區陸家嘴濱江大道 2972 號
021-5878-6326

MARINA By DN 望海西餐廳｜
DN Group（DANIEL NEGREIRA BERCERO、Sergio Dario Moreno Lopez、史正中、宋羿霆、李柏元、汪興治、陳耀泓、劉隆昇）

066 草莓

台北市大安區四維路 28 號
02-2700-0901

MUME｜Kai Ward Head Chef、**Chen** Chef

100 佛流伊舒芙蕾／114 羽翼巴伐利亞／134 糖工藝
三層架／154 繽紛方塊

桃園市桃園區新埔六街 40 號
0975-162-570

Nakano 甜點沙龍｜**郭雨函** 主廚

108 法式芭芭佐水果糖漿與香草香堤／136 半公尺的
甜點盛緻／192 解構檸檬塔佐萊姆 & 香草雪酪／232
經典巴斯克酥派 佐甘草果凍 & 糖衣馬斯卡彭杏桃球
／240 茶香覆盆子千層派

台北市市府路 45 號 101 購物中心 4 樓
02-8101-8177

S.T.A.Y. STAY & Sweet Tea｜Alexis Bouillet 駐台甜點主廚

102 栗子─薄餅舒芙蕾／182 巧克力塔／194 檸檬塔
／202 蘋果塔／230 玉米塔／244 巧克力──無花果
千層

台南市永康區華興街 96 號
06-311-1908

Start Boulangerie 麵包坊｜**Joshua** Chef

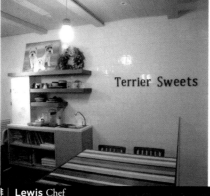

054 巧克力熔岩蛋糕／096 小梗舒芙蕾蛋糕／112 提拉米蘇／132 白朗峰／186 南風吹過／198 心酸／236 期間限定千層

台中市西區明義街 52 號
04-2319-8852

Terrier Sweets 小梗甜點咖啡 | **Lewis** Chef

124 歐培拉／148 白巧克力慕斯／158 檸檬咖啡慕斯／184 巧克力塔／200 檸檬點點／212 翻轉蘋果塔／224 維多利亞塔／234 蛋白盤子／242 千層派

台北市大安區安和路二段 184 巷 10 號
02-2737-1707

WUnique Pâtisserie 無二烘焙坊 | 吳宗剛 主廚

032 六層黑巧克力／084 怕芙洛娃／160 草莓／246 焦糖千層酥

台北市中山區明水路 561 號
02-2533-3567

Yellow Lemon | **Andrea Bonaffini** Chef

050 伯爵茶巧克力／058 橙香榛果巧克力／070 低脂檸檬乳酪／122 莓果生乳捲／152 粉紅白起司慕斯

台北市大同區承德路一段 3 號
02-2181-9999

台北君品酒店 | 王哲廷 點心房主廚

098 紅莓舒芙蕾／162 野莓寶盒／176 蜜桃姿情
／178 繽夏風情／206 青蘋酥塔／216 芒果糯香椰塔
／226 柑橘奏鳴曲／228 粉紅淑女

台北市信義區松壽路 2 號
02-2720-1234

台北君悅酒店｜**Julien Perrinet** Chef

038 巧克力蛋糕佐巧克力布丁／064 德式黑森林
／072 草莓起司白巧克力脆片／074 柳橙起司糖漬水
果柳橙糖片／094 抹茶蛋糕‧蛋白脆片／104 溫馬
卡龍佐香草冰淇淋／166 芒果慕斯配芒果冰淇淋

台北市中正區忠孝東路一段 12 號 2 樓
02-2321-1818

台北喜來登大飯店安東廳｜**許漢家** 主廚

036 古典巧克力蛋糕佐白巧克力抹茶醬／078 繽紛起
司拼盤／214 反轉蘋果派配冰淇淋

台北市北投區中和街 2 號
02-2896-9777

北投老爺酒店｜**陳之穎** 集團顧問兼主廚、**李宜蓉** 西點師傅

060 主廚特製黑森林／092 純白蜜桃牛奶

台北市中山區民權東路二段 41 號 2 樓
02-2597-1234

亞都麗緻巴黎廳 1930｜**Clément Pellerin** Chef

048 經典沙哈蛋糕／062 德式白森林蛋糕／082 藍寶石起司蛋糕／126 歐培拉蛋糕／208 阿爾薩斯蘋果塔

台中市中山區民權東路二段 41 號 1 樓
02-2597-1234

亞都麗緻麗緻坊｜蘇益洲 主廚

044 榛果檸檬／118 草莓香草捲／128 抹茶歐培拉佐芒果雪碧／168 黑醋栗椰子慕斯／172 芒果慕斯奶酪／188 卡西絲巧克力塔

台北市大安區敦化南路二段 201 號
02-2378-8888

香格里拉台北遠東國際大飯店｜董錦婷 甜點主廚

034 巧克力蛋糕搭新鮮水果／040 濃郁巧克力搭芝麻脆片／076 低脂芙蓉香柚起司／156 蜂蜜薰衣草慕斯佐香甜玫瑰醬汁／164 白巧克力芒果慕斯／174 焦糖桃子慕斯佐柑橘醬／222 普羅旺斯草莓塔

台北市信義區松高路 18 號
02-6631-8000

寒舍艾麗酒店｜林照富 點心房副主廚

052 栗栗在慕／120 森林捲／150 兩種巧克力／190 相遇─白巧克力 & 哈密

台北市中山區敬業四路 168 號
02-8502-0000

維多麗亞酒店｜Marco Lotito Chef

086 香蕉可可蛋糕佐咖啡沙巴翁
／210 楓糖蘋果派／220 肉桂
蜜桃布蕾塔／238 薄荷莓果千層
佐莓果冰沙

台北市內湖區金莊路 98 號
02-7729-5000

德朗餐廳｜**陳宣達** 行政主廚 、**李俊儀** 甜點副主廚

130 蒙布朗搭栗子泥與蛋白霜／146 巧克力慕斯球佐
咖啡布蕾／196 檸檬塔／204 蘋果塔焦糖醬與榛果粒

台中市西區五權西四街 114 號
04-2372-6526

鹽之華法式料理廚房｜**黎俞君** 廚藝總監

甜點盤飾——蛋糕、慕斯、塔派

作者	La Vie 編輯部
責任編輯	邱子秦
採訪撰文	王麗雯、楊喻婷、蔡蜜綺、鄒宛臻、盧心權
攝影	星辰映像
設計	劉子璇
發行人	何飛鵬
事業群總經理	李淑霞
副社長	林佳育
主編	張素雯

出版	城邦文化事業股份有限公司 麥浩斯出版
	E-mail｜cs@myhomelife.com.tw
	地址｜104 台北市中山區民生東路二段 141 號 6 樓
	電話｜02-2500-7578
發行	英屬蓋曼群島商家庭傳媒股份有限公司城邦分公司
	地址｜104 台北市中山區民生東路二段 141 號 6 樓
	讀者服務專線｜0800-020-299（09:30 ～ 12:00; 13:30 ～ 17:00）
	讀者服務傳真｜02-2517-0999
	讀者服務信箱｜Email: csc@cite.com.tw
	劃撥帳號｜1983-3516
	劃撥戶名｜英屬蓋曼群島商家庭傳媒股份有限公司城邦分公司
香港發行	城邦（香港）出版集團有限公司
	地址｜香港灣仔駱克道 193 號東超商業中心 1 樓
	電話｜852-2508-6231
	傳真｜852-2578-9337
馬新發行	城邦（馬新）出版集團 Cite（M）Sdn. Bhd.
	地址｜41, Jalan Radin Anum, Bandar Baru Sri Petaling, 57000 Kuala Lumpur, Malaysia.
	電話｜603-90578822
	傳真｜603-90576622
總經銷	聯合發行股份有限公司
	電 話｜02-29178022
	傳 真｜02-29156275
製版印刷	凱林彩印股份有限公司
定價	新台幣 399 元／港幣 133 元

2016 年 04 月初版 1 刷
2022 年 09 月初版 7 刷・Printed In Taiwan
版權所有・翻印必究 （缺頁或破損請寄回更換）
ISBN：978-986-408-150-9

國家圖書館出版品預行編目資料

甜點盤飾——蛋糕、慕斯、塔派／La Vie 編輯部
作 .—初版 .—臺北市：麥浩斯出版：家庭傳媒
城邦分公司發行 , 2016.04　256 面；19×26 公分
ISBN 978-986-408-150-9(平裝)

1. 點心食譜　　　427.16　　105004618

WWW.PRIME.COM.TW

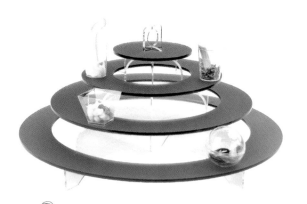

樹型展示架/白
28孔560X540xH690 mm

樹型展示架/黑
28孔560X540xH690 mm

圓形展示架/灰/4層
ø470 mm / ø360 mm
ø250 mm / ø140 mm, H230 mm

圓缽 /60 mm（50ml）
圓缽 /110 mm（300ml）
圓缽 /113 mm（600ml）

裂紋邊蛋型杯/黑
48, H60 mm, 50ml

裂紋邊蛋型杯/白
48, H60 mm, 50ml

10球甜點圓柱架
圓缽50ml適用
DMP10/ø60mm, H600mm

巴黎鐵塔造型展示架
5層/黑/500x500x1000mm

昆庭國際興業有限公司 www.ddbrothers.com
104台北市中山北路三段55巷30號1樓 Tel / 02-25869889 Fax / 02-25869886